エア・ウォーター名誉会長 豊田昌洋の

# 「人をつくり、事業をつくる！」

『財界』主幹◆村田博文

財界研究所

エア・ウォーター名誉会長

## 豊田昌洋（とよだ・まさひろ）

［略歴］
1932年三重県生まれ。57年京都大学法学部卒業後、大同酸素（現・エア・ウォーター）入社。74年取締役、常務、専務を経て93年副社長、99年社長、2001年副会長、2015年会長・CEO、19年6月名誉会長。2018年11月旭日重光章を受章。

# はじめに

変化の時代をいかに生き抜くか——。この命題を企業経営者は常に突きつけられている。そして今、ＡＩ（人工知能）や全てのモノがインターネットにつながるＩｏＴの技術革新で産業の基本構造もガラリと変わろうとしており、企業は新しい経営の仕組みづくりが求められる。

「常に成長する企業であり続けなければ、常にカタチを変える経営を」——。エア・ウォーター名誉会長・豊田昌洋氏の経営哲学である。

同社はこの〝カタチを変える経営〟を実践してきた。2度の合併を経て、エア・ウォーターが発足（２０００年＝平成12年）。『創業者精神を持って、空気、水そして地球にかかわる事業の創造と発展に、英知を結集する』という経営理念を掲げ、環境や持続性を意識した経営を志向。一言でいえば、フロンティアへの挑戦である。

今や、連結子会社１３０社、持分法適用会社17社を含め、グループ合計２６３社（２０１９年3月期）というわが国最大級のコングロマリット（複合経営体）。

今、世界中が混迷状況にあり、自然災害の発生も含めて、リスク要因は多い。その中を生き抜くには、経営の原理原則に忠実たらんとする豊田氏の経営姿勢である。

いかなる経済状況にも対応する『全天候型経営』、そして環境激変の中を、最も適応できるサイズと機能を持って生き抜こうという『ねずみの集団経営』を志向。有史上、環境激変を生き抜いてきた小哺乳類の知恵にならっていこうという考え方だ。行動指針としては、談論風発の『横議横行』、そして常に足元を直視する『脚下照顧』の2つを掲げて実践。

『平成』の世が始まったのは1989年。この年に『ベルリンの壁』が、91年にはソ連邦が崩壊。いわゆる冷戦終結で世界では一気にグローバリゼーションが進行し新興国も成長。一方、日本は〝失われた20年〟に入り、低成長、低インフレ・低金利の時代に入った。

成長しない日本経済下で成長を図る——という意味でエア・ウォーターの経営は注目される。

経営の基本は「人」である。豊田氏の「人をつくり、事業をつくる！」の基本精神は、『令和』の時代に入っても受け継がれていこう。

なお、本文中の敬称は略させていただいた。

2019年（令和元年）6月

『財界』主幹　村田博文

本書は『財界』2018年(平成30年)9月25日号からの連載を加筆・修正してまとめたものです。

肩書きは特別な場合を除き、取材時のものです。

第1章

# エア・ウォーターの経営理念

――創業者精神を持って　空気、水、そして地球にかかわる事業の創造と発展に、英知を結集する

## 環境変化への的確な対応

成長なき日本経済で企業はどう成長していくか――。こういう視点に立ったときに注目されるのがコングロマリット経営で知られるエア・ウォーター。祖業の産業ガスから出発、ケミカル、医療、エネルギー、農業・食品、物流、海水、エアゾールを縦糸に、全国を8ブロックに分け、8つの地域事業会社を横糸にして「縦糸と横糸が重なり合い補完し合う中から、絶妙の強度と伸縮性を備えた事業という織物ができる」とは同社会長の豊田昌洋の弁。M&A（合併・買収）にも積極的。『M&Aの巧みな会社』と評される同社の経営手法は『全天候型経営』と『ねずみの集団経営』。いかなる環境下でも生き抜く事業構造の構築。そして環境変化への適応能力が高いねずみなど小哺乳類の逞しさを見倣っていこうというもの。一方で『全天候型経営』はややもすれば、互助会になり、赤字に対する感覚を鈍化させるリスクを伴う。豊田は「常に成長する企業であり続けるには、常にカタチを変える経営でなくてはならない」と話す。

## 「M＆Aは掛け算」新しい価値を創る！

「エア・ウォーターは言うまでもなくコングロマリットです。しかも類まれなる豊かな多様性を備えている」とエア・ウォーター会長・CEO（最高経営責任者）の豊田昌洋は語る。

祖業の産業ガスの領域で２度の合併を経てリーディングカンパニーの座をつかみ、M＆A（合併・買収）にも積極的に乗り出し、ケミカル、医療、生活・エネルギー、農業・食品、そして物流と６つのカンパニー制を敷く。それに主要関連会社群として、海水関連、エアゾール関連の２つが加わり、主要８事業を構成。

海水関連企業としては、世界的な「マグネシア」のブランドを誇るタテホ化学工業や国内製塩トップの日本海水などがある。

エアゾール関連は塗料・自動車用分野をはじめ、家庭用品、そして最近は化粧品でのニーズが高く、中国市場からの引き合いも強い有望分野。同社のガスコントロール技術を活かしての、この分野の強化。もともと近畿エアゾル工業を持ち、柏化学、東京エアゾル化学、キョーワ工業を買収して統合、エア・ウォーター・ゾルとなった。

現在業界3位のポジションだが、2位浮上を狙う。

これまで同社がM&Aしてきた企業は約150社。連結決算の売上高の60数パーセントをこれらのM&Aした企業群が占める。

エア・ウォーターの手掛けるM&A対象は中小規模の会社が中心で、買収額も多くは数億円から数十億円規模。「小さいところから大きく育てる。キラリと光るものがあればいい」と豊田。

M&Aについて、豊田は「足し算ではなくて、一緒になることで企業価値を高めていく。だから、飛躍ができる掛け算であるべき」という考えを示す。

手当たり次第にM&Aをやるというものではもちろんない。今、黒字を出していても、将来性や成長の余地がない事業には手を出さない。

「自分にないものを取り込んでいく。単に、互いの良い所をプラスしてというのではなく、自分たちとは違う事業分野や企業風土を吸収して、全く新しいものをつくり出していく」という姿勢。

そうして、組み立てられたのが先述の主要8事業。これが『事業の縦糸』なら、『事業の横糸』と位置付けるのが8つの地域事業会社。

北海道から九州までを８ブロックに分け、例えば北海道エア・ウォーター、関東エア・ウォーター、近畿エア・ウォーター、中・四国エア・ウォーターといった地域事業会社を設立。

もともと、酸素、窒素、アルゴン、ヘリウムといった産業ガス事業は地域に根付いた事業。医療や農業・食品、ＬＰＧ（液化石油ガス）など生活関連のエネルギー事業もそうだ。

「地域ごとにきちんと地域と一体となった仕事をしようと。幸い、今、地方創生の話で風は地域に流れていますから、人の少ない地域ではそこの自治体と組んで仕事をしていく。人の多い都会ではマーケットを見て仕事をしようということで、その地域らしい基盤をつくっていく」

都会では、カンパニーの基盤をより強化して、市場ニーズに的確に応えていく。北海道などでは農業で強みを伸ばし、関西は医療をポイントにしていくといった特性を出していく。

「わたしは、わが社の経営の形を１枚の織物のように考えています。主要８事業を事業の縦糸とすれば、８つの地域事業会社は横糸。そうやって、縦糸と横糸が重なり合い、補完し合う中から、絶妙な強度の伸縮性を備えた事業という織物が生まれる。そこには地域ごとに違う風合いや色合いに特色のある織物が期待できるわけです」

縦糸、横糸合わせて16本によって生み出される多様性（ダイバーシティ）で織物の最大価値を掘り起こそうという戦略。

## 「全天候型経営」と「ねずみの集団経営」を！

「企業は成長し続けなければいけない」と豊田は説く。成長を実現していくには何が必要か？

同社が経営の根幹に据えるのが『全天候型経営』と『ねずみの集団経営』という仕組み。

企業経営にはいろいろなリスクが伴う。地政学リスクに伴う石油など原材料や電力費の高騰。あるいは為替変動。エア・ウォーターでいえば、例えば医療用ガスの販売価格が薬価改定の影響で低下するといったことも体験、かつて減益要因になったことがある。

単一事業の会社であれば、会社自体がつまずいてしまう可能性もある。それがコングロマリットということで、そうした不振部門を全体でカバーし合う仕組みとして、『全天候型経営』を志向してきた。

そして、『ねずみの集団経営』。これは、環境変化に的確に適応していこうというもの。「哺乳動物の中で、一番種が繁栄しているのはねずみやリス、ヤマアラシなどの齧歯《げっし》類。環境に適応できるサイズと機能を小哺乳類は備え持っている」

同社中興の祖とされる青木弘・前名誉会長（故人）はエア・ウォーター発足（2000年）間もなく、こう社内に訴えた。

チャールズ・ダーウィンが『進化論』で説く「環境変化の中で生き残るのは最強の生き物でなく、環境変化に対応できる者」という考えにこれは近い。

エア・ウォーターは過去2度の合併を経て、成長し、今日の経営を実現。1993年（平成5年）、旧大同酸素と旧ほくさん（北海酸素が前身）が合併して大同ほくさんが発足。

そして2000年（平成12年）、住友金属工業（現日本製鉄）系列の共同酸素と合併して、エア・ウォーターとして新しいスタートを切った。

産業ガス業界は戦後長い間、秩序が固定しており、日本酸素（現大陽日酸）が圧倒的なトップの座を占め、2位以下は売上規模、収益力でぐんと離され、〝1強5弱〟といわれてきた。

その業界秩序を打ち破り、M&Aを含めて、果敢に成長戦略を取り、一躍、リーディングカンパニーに躍り出たのがエア・ウォーターである。

2度の合併で国内産業ガスメーカーとして大陽日酸と肩を並べる規模に成長したエア・ウォーター（18年3月期で見ると、売上高はエア・ウォーターが7500億円強、大陽日酸は6400億円強という数字）。

もともと産業ガスの販売先は鉄鋼、電機・半導体、造船といった所で、これは景気の波に左右されやすい。

それに大口需要先の鉄鋼メーカーなどは自前のガス製造会社や拠点を所有。不足した分をこれら産業ガス会社に発注するということで、産業ガス全体の需要のうち、産業ガス専門会社の占めるシェアは最大で15%程度というのが実情だった。

そこで、産業ガス会社は〝限界産業〟と指摘されてきた。

そうした状況下、産業ガス会社は生き残り競争を展開。

そういうときに、エア・ウォーターが登場し、ガス業界のあり方、生き方を変革していくとして注目を浴びるようになった。危機に強い経営への志向だ。

90年代初頭から、日本は〝失われた20年〟と呼ばれる状況になり、デフレも加わった。成長しない日本経済下で、企業はどう成長していくか――。全企業に突き付けられる命題。エア・ウォーター経営陣はこうした問題意識を持ち、『全天候型経営』、『ねずみの集団経営』を打ち出していったのである。

経済が右肩下がりの今、象ではなく、齧歯類的な経営単位を想定して、年間50億円から100億円規模の事業単位が生き生き活動するような事業集団形成を目指し始めたのである。

## 人づくり、事業づくりの要諦

今日のエア・ウォーターの創業者的役割を果たしたのは前名誉会長・青木弘。その青木を補佐し、青木が戦略の概要を決めれば、それを具体的な戦術に落とし込み、会社経営の仕組みづくりを担ったのが会長・ＣＥＯの豊田昌洋である。

2人のコンビで現在のエア・ウォーターの基礎を構築してきたと言っていい。

その青木は旧大同酸素からエア・ウォーターへと経営の仕組みを変えていく中、最高経営責任者としての在任22年。そして15年（平成27年）名誉会長となり、故郷の信州（長野県松本市梓川）に帰り、18年2月20日、89歳で、その波瀾に満ちた生涯を閉じた。

筆者は翌2月21日午後、大阪市中央区南船場の長堀通りに面したエア・ウォーター本社に豊田昌洋を取材のために訪ねた。

「昨晩は一睡もできずにおりました。いろいろな事が思い出されてきましてね……」

それこそ走馬燈のように、いろいろな出来事や体験が浮かんできた。2人の出会いから、産業ガス業界を取り巻く環境変化の中で必死に働いたこと、ライバルとの受注合戦にもがき苦しんだこと、2度の合併、タテホ化学工業の再建支援などが次々に豊田の頭に浮かんできた。

豊田は、2人の関係において、ナンバーツーの役割に徹してきた。改めて、ナンバーツーの使命と役割とは何か？

「方針が示されたら、ナンバーツーは構想を実現するために、仕組みと行動計画をきちんと立てて、それを実行していくこと」

仕組みと行動計画づくりについて、「方針を聞いた瞬間に浮かぶ」と豊田は語る。

それは、すぐ浮かぶものなのか？

「すぐ浮かぶんです。この仕事はこうして人間を集めて、この地域ではこうやっていくとかね。それはトップの行動を見てたら、わかります。最近、こんな問題にすごく関心を持っているな、何か言うぞと思っていたら、パッと言ってくる」

一つの方針、あるいは構想が出てきたら、「わかりました。面白いですね」と言って、それ以上のことは言わない。

正直、面白くないと思ったことはないのか？

「不思議に思うことはありました。そういうときも、面白いですねと。青木さんは24時間365日、ずっと考え続けている人だし、常に先の事を考えてパッと物を言う人だし、言っている事は間違いないと、こちらは思い込んでいますから」

まさに、阿吽の呼吸である。

ナンバーツーの役割は自分を押し殺すのではなく、自分が信じ込むのだということ。

これは、なかなか難しいことではないのか？

「頭のいい人は、自分で考えるからいけないんです。わたしは、方針について疑いを持ったことがないです。これはもう正しいんだと。わたしが持っていないものをこの人は持っている。だから、この人の言う通りにやると。ただ残念ながら、トップは具体的な手段についての発想はありませんから、それはこちらが引き受ける。仕組みをつくって、手段をつくって、行動計画を立てていく。それでコツコツやっていくと」

戦略を立てる人、それを戦術に落とし込む人がいてこそ、経営は成り立つし、それが人づくりにつながるという考え。

豊田は1957年（昭和32年）、旧大同酸素に入社するが、京都大学法学部卒業組で、同社の正式な新卒第1期生。途中入社してきた青木より2年後輩という間柄（年齢は4歳下）。

営業畑で頭角を現した青木と豊田が顔を合わすのは、豊田が最初の配属先の総務部勤務を終えた、入社7年目のことであった。以来、50余年行動を共にした。

15年に青木が会長を退き、豊田は会長・CEOに就任。最高経営責任者として采配を振るって仕組みづくりを進めているわけだが、その『壁を破れ』哲学は、人づくり、事業づくりの根幹になっている。

# 人材、能力を掘り起こすM&A哲学

M&A（合併・買収）は、実行した後が大事。産業界全般にM&Aの失敗例も少なくない。どこを対象にするのか？　という問いに「キラリと光るものを持っている会社」と豊田は答える。連結子会社は111社、持分法適用関連会社11社他を含め合計250社——というエア・ウォーターグループ（2018年3月末現在）。主要事業も産業ガス関連、ケミカル関連、医療関連、エネルギー関連、農業・食品関連、物流関連、その他（製塩、マグネシア、エアゾール）と実に多岐にわたる。しかし、「どの事業も根っこでつながる」と豊田。いかなる環境下でも収益をあげ、成長を図るエア・ウォーターのM&A哲学とは——。

## 人の潜在力、地域の可能性を掘り起こして

「壁を破れ、リスクを恐れるな」――。会長・ＣＥＯの豊田昌洋が言い続けている言葉。Ｍ＆Ａ（合併・買収）で事業領域を広げ、成長してきたエア・ウォーター。しかし、Ｍ＆Ａは実行した後が大事。一般的に、当該会社が期待通りの成果をあげられず、業績不振から脱け出せず苦しむケースもある。

そのため、Ｍ＆Ａを実行する前の精緻な調査、分析も不可欠。

Ｍ＆Ａの対象になるのは、「キラリと光るものを持っている会社」と豊田は語る。

大手企業の子会社をＭ＆Ａするケースがエア・ウォーターの場合は多い。２００２年、牛肉偽装事件で雪印食品が窮地に立たされたとき、エア・ウォーターは同社の北海道工場を買収。工場のある北海道早来町《はやきた》（現安平町）からは「工場の雇用が失われると、地域経済に大きな影響が出る」と再建支援を受けたりした。

雇用３００人の喪失は地域経済には相当な痛手。結果的に、エア・ウォーターは再建を引き受けるが、これも自治体から要請を受けたからという理由だけではない。

どこの企業、また、どこの地域でも踏ん張っている人材がいる。そうした人材がい

れば、何かの理由で今は事業不振かもしれないが、再生は可能という判断ができる。雪印食品・北海道工場の場合がそのケースだった。「事業を引き受けるには幸運が2つありました」

2つの幸運とは何か？

「1つは、当時の雪印食品の工場長が、工場再開の時が来るという信念を持って、工場の電源を切らずにエアコンを動かしていたことです。在庫はきちんと管理され、工場の雰囲気も壊れていませんでした」

雪印食品全体の経営の機能がマヒし、司令塔不在の中で、工場を維持管理するにはコストが掛かる。そのコストが掛かる状況下で、件の工場長は独断で冷蔵を続けていたのである。

「地元の早来町長が『あの人はエラい人だ』と、わたしに言っていましたが、おかげで3カ月後に工場を再開できました。基本的に在庫がしっかりあるということで、われわれも引き受けることができたんです」

再建を引き受けることができたのも、在庫があって、すぐビジネスが展開できるというエア・ウォーター側の判断。それと工場で働く人たちが、自分たちの一生の仕事と思って職務に打ち込む姿を見ての買収判断だ。

また、旧ほくさんが『さぶーる』という子会社で海産物やアスパラなどの野菜の冷凍食品を展開してきており、93年の大同ほくさん設立時、既に冷凍食品事業を行ってきていた。『雪印』という社名は使えないため、〝雪〟のイメージを抱かせる『春雪』を冠にして『春雪《しゅんせつ》さぶーる』（本社・札幌市）という社名にし、雪印食品北海道工場の事業を受け継いで今日に至る。

02年春に事業を引き受けたときの売上高は80億円規模だった。それが今は約330億円の事業に育っている。

責任感のある人材は必ずいる。ただ、その能力を発揮できないでいるとするならば、自分たちが経営を引き受ける形で、仕組みを変えていく。そうやって、埋もれた人材、能力を掘り起こしていくというエア・ウォーターのM&A哲学だ。

「早来町は千歳の北にある町で今は町名が変わりましたが、サラブレッドの産地として有名。工場は昭和7年（1932年）にできていましてね。わたしが生まれたのと一緒。感無量ですよ」と豊田は語る。

従業員数は再建引き受けのとき約230人いたが、約半分を採用して出発。今は事業拡大で３３０人を超しているが、人手不足の状態。工場も現在の敷地内では足りなくなり、隣地を手当てし、増設を推進中。

Ｍ＆Ａは、人づくりでもある。新しい仕組みをつくり、人材や能力を掘り起こして、事業を成長させていくということ。

## どの会社も根っこは同じ

Ｍ＆Ａは一見、その企業の本業と無関係に見えるが、「全部、根っこはつながっている」と豊田は語る。

これまでのＭ＆Ａで連結子会社は１１１社、全体では２５０社に拡大。

「全部元はつながっていると判断していただければ結構です。全然、縁もゆかりもないところとはやっていませんから」

豊田はこう語り、「わたしどもはガス屋ですけれども、Ｍ＆Ａでグループに入ってきたところと根っこがガスでつながっていると」と強調。

例えば、医療関連事業のエア・ウォーター防災（本社・神戸市）。医療用ガス配管工事や呼吸器、消火装置などの設計、製造、販売を手掛ける企業。もともとは川重防災工業で川崎重工業の子会社であった。

それをエア・ウォーターが05年に引き受けて子会社化し、06年に社名をエア・ウォーター防災に変更した。

「この会社は病院建設で、特に医療用ガス供給設備などをやっていたんです。わたしどもは医療用酸素などを病院に入れるときに、川重防災さんとは関係がありましてね。そういうご縁があった。つながりがなかったらM&Aはできません」

ゼロから出発するような事業はできるだけ避ける。積み重ねられる事業にしておく考え。「打率のように、打つたびごとに変わるものでは駄目なんです。打点のように積み上げられる事業を取り込んでいく。一つひとつが企業力の向上につながるようなもの。それがどんどん積み重なるにつれて、どんどん強くなると。それだけに、つまらない石が重い石になってもいけませんから、常に中身を変えないと。だから、変化しろと言っているんです。壁を破って、どんどん進みましょうと」

豊田は、M&Aの本質について、「足し算ではなく、掛け算」と強調する。

相手とこちらの良い所を合わせようとするのが足し算。これだと1+1=2ということになる。そうではなくて、相手の良い所とこちらのそれを掛け合わせるということは、互いの存在価値をぶつけ合って、新しいものを創り出すことで付加価値を高めようというもの。1+1を3以上にしようという価値向上戦略である。

## ポートフォリオの修正

M&A戦略も闇雲に合併や買収に走れということではもちろんない。戦略の修正、改革は当然あり得る。いわば、攻めと守りの経営。足元をぐらつかせながらの攻めではおかしくなる。かと言って、守りに入り、リスクを恐れてばかりいては、成長はおぼつかない。そのバランスをどう取っていくかということだ。

その意味で、ポートフォリオ戦略の見直しが必要。時代のニーズに合っているかどうか、またその事業がグループ全体にとって将来性があるのかどうかについて、常にチェックが必要だ。

18年初め、同社はケミカル関連事業の一部を譲渡することを決めた。具体的に、新日鉄住金化学とのタール蒸留の合弁会社（株式会社シーケム）は18年4月に持分を全て合弁相手先に譲渡。やや専門めくが、コークス炉ガスの精製事業と、コークス炉ガス精製に伴い分離される副産品（粗ベンゼン、硫酸、硫酸アンモニウム、液体アンモニウムなど）の販売事業を新日鐵住金に譲渡する（譲渡契約実行は19年4月1日付）。エア・ウォーターは、旧住友金属工業から買収した旧住金ケミカルをエア・ウォーター・ケミカルに社名変更し、ケミカル事業の中核として事業を構築。

このところの原油価格上昇で回復したものの、依然として市況変動は大きい。こうした製品市況や需給の変動に加え、原料調達面で製鉄所の操業動向に大きな影響を受けるコールケミカル（コークス炉ガスの精製事業など）である。

現在の事業環境が続く限り、全体業績に与えるインパクトが大きいということと、自分たち独自の判断で事業の構造改革を進めるのは困難という判断。

一方でケミカル関連事業の成長戦略も敢行。三菱ケミカルホールディングス系列の川崎化成工業を、15年6月M&Aを行い連結子会社化していたが、18年TOB（株式公開買い付け）で完全子会社化した（買い付けは3月26日完了）。

川崎化成工業は工業製品の『中間材』を製造する化学会社としてのポジションを維持し、可塑剤、塗料、ポリエステル樹脂の原料として工業的に重要な無水フタル酸でも有名。また、世界で唯一工業化に成功しているナフトキノンに代表される合成技術で世界的にも評価が高い。

まさに、豊田の言う『キラリと光るもの』を持つ会社だ。

## 「壁を破れ、リスクを恐れるな」

『壁を破れ、リスクを恐れるな』は挑戦し続けることが大事だということ。同時に、常に足元を見つめ、異変が起きていれば、ただちにそれに対応することも大事。

豊田は17年改革を実施。エア・ウォーター発足後18年目を迎えるに当たって、新社長ＣＯＯ（最高業務執行責任者）に専務の白井清司（１９５８年＝昭和33年10月生まれ）を選んだ。82年の入社以来、産業ガスの営業畑を歩き、11年執行役員、13年取締役、15年常務、16年専務。その1年後に社長就任という足取り。

豊田は白井の抜擢について、「産業部門での事業経験、ならびにグループ全体を掌握し、経営計画を推進してきた企画部門も経験。いずれも社長ＣＯＯにふさわしい。行動力と決断力も申し分ない。しかし、何より若さを重視しました。私は後継新体制を10年の計で考えていましたから、まず専務の中から一番若い人間に白羽の矢を立てたわけです」と語る。

18年3月期の売上高は7500億円強。それを2020年度に売上高1兆円を目指す長期成長ビジョン『NEXT―2020』の達成に向けての今回の人事。狙いは、「経営の継続性」と「体制の若返り」の2つ。

代表権は会長・CEOの豊田と社長・COO白井の2人が持ち、副会長は2人制にした。前社長・今井康夫（48年生まれ、旧住友金属工業出身）と豊田喜久夫（48年生まれ、前副社長。会長・豊田の実弟）の2人が副会長となり、会長を補佐する。

代表取締役を除く役付役員を9人から14人に拡大。いずれも部門の責任者という役割で「各部門における最高経営責任者という自覚を持って、1年1年に『勝負はこの1年』という想いで全力を注いでほしい」という豊田からのメッセージである。

役員定年と任期については、6年前に各役員の原則定年年齢を定め、15年に会長と社長の任期の限度も決めた。

「限りなき成長のための大改革へ向け、その最初の確実な一歩となることを念じて決断した」と豊田は17年3月10日開催の取締役会で今回の経営改革にかける思いを発表

春雪さぷーる早来工場

した。

全天候型経営はどんな環境下をも生き抜く経営だが、「全天候型経営に潜むウィークポイントも顕在化してきた」と豊田は気を引き締める。

全天候型経営が今や互助会になっていやしないか——。もし、各事業で赤字の兆しが見えたら、ただちに対応することが大事。「赤字は悪」という緊張感を１人ひとりが持つべきという豊田の啓発である。

## M&A第1号となった、タテホ化学再建

常に、成長する企業であり続けるには何が必要か——。1957年(昭和32年)に入社したときの売上高は約12億円。60余年後の今、それは8000億円へと拡大、700倍にもなっている。祖業の産業ガスは日本の高度成長と共に伸びるが、同時に〝限界産業論〟も飛び出すような産業としての宿命も抱えていた。自らの体質強化と、2度の合併で、今日のエア・ウォーターが発足。成長を実現するには「常に、経営の仕組みを変えなくてはいけない」と豊田は強調。エア・ウォーター発足後、M&Aを積極的に進めて事業領域を拡大、コングロマリット化していくが、そのM&A第1号となったのは、旧大同酸素時代のタテホ化学工業の再建支援に伴う経営参画であった。

## 『日帝二強』時代を生き抜く中で

「常に、成長する企業でなくてはいけない」というのが豊田昌洋の持論。

成長し続けるには、何が必要か？　という問いに「常に、カタチを変える企業でないといけない。事業はカタチを変えなくては伸ばすことはできません」という答え。

このことは、豊田の60年余にわたる企業人人生の中で培われた経営観、そして人生観とも重なってくる。

豊田が1957年（昭和32年）旧大同酸素に入社したときの売上高は約12億円、それが今は約8000億円と60年余で700倍に成長。

社名も、大同酸素、大同ほくさん、そしてエア・ウォーターと二度変わった。

事業も、旧大同酸素時代は酸素、窒素、アルゴンといった産業ガス一辺倒だったのが、ほくさん（旧北海酸素）がLPガス・冷凍食品等を手掛けていたことから、新しい事業を取り込むことになった。今日、エア・ウォーターは、6つのカンパニーを抱えるコングロマリット（複合企業）に成長。

社名も、そして事業も変わっていく中で成長を遂げてきた。

「常に、企業は成長しなくてはならない」と語り、そのためには、「常に、経営のカタチを変えていかねばならない」と豊田が説くときの言葉には、60年余をそうして生きてきた実感がこもる。

豊田が旧大同酸素に入社したときは、日本酸素（現大陽日酸）が産業ガス業界で断トツで首位。次いで、ガスメジャーの仏エア・リキード系の帝国酸素（現日本エア・リキード）も積極的に活動していた。

「よく、日帝二強という言い方がされていました」と豊田はその頃をこう振り返る。

当時、九州地方でも西側の鹿児島本線沿いは帝国酸素、東側の日豊本線沿いは日本酸素の勢力下にあるといわれ、他社に付け入るスキも与えないと言われたほど。

日本酸素の力は強く、〝日帝二強〟から、やや時代が下って、〝1強5弱〟とか言われるようになった。2位以下は、トップの日本酸素を仰ぎ見ながら、何とか生き抜こうと、せめぎ合う日々が長く続いた。

そうした産業ガスの業界秩序に風穴を開けていったのがエア・ウォーターだ。

旧大同酸素が旧ほくさんとの合併で大同ほくさんとなり、次いで旧住友金属工業系の共同酸素を合併し、エア・ウォーターとなった。

　そのエア・ウォーターが祖業の産業ガスを中核に、M&Aで新事業領域を次々と切りひらき、今日、売上高で大陽日酸を抜き、トップに立ったのである。

　エア・ウォーターの成長、躍進を促したものは何か？

## 酸素限界産業論が元々、ささやかれる中で……

　元々、祖業・産業ガスには〝酸素限界産業論〟がささやかれ続けてきていた。

　酸素ガスに象徴される産業ガス業界は日本の高度成長と軌を一にして成長。50年代後半（昭和30年代）に鉄鋼業界で酸素製鋼が開発され、酸素への需要は一気に高まる。こうした需要の高まりに応えるべく産業ガスメーカーは液体酸素の製造に一斉に着手する。気体酸素を冷却すれば容積も８００分の１に圧縮でき、大量の酸素を運ぶのにも便利だからだ。

　こうして業界各社は大量生産・大量消費の流れに乗るのだが、主要な売込先は製鉄所、その製鉄所を持つ鉄鋼メーカーは自前の酸素製造所ないしはガス専門の子会社を抱えているという現実。

高度成長期の60年代、70年代、産業ガス大手6社の酸素生産比率は、国全体のわずか16％に過ぎなかった。製鉄所からすれば、酸素が不足して困ったときに、産業ガスメーカーに「供給してくれ」と要請するという状況。

80年代にエレクトロニクス全盛時代を迎え、半導体製造時に大量の窒素が使われることになるが、これも酸素と同じ力関係であった。「酸素が鉄鋼産業用のものなら、窒素もしょせんエレクトロニクス産業用のものだった」と豊田。

産業ガスはバイプレーヤーという境遇の中で生きてきたと言っていい。

ただ、ガス産業は製造業をはじめ、医療や農業、食品等、生活領域のあらゆる産業とつながる。産業の結節点とされる強みがある。

また、ガスは高度技術革新に不可欠な存在でもある。需要先の産業の将来性や動向を見るには絶好のポジションだ。

ただ、自らのポジションを産業連関の中で見ると、産業ガスはほとんどが副資材や中間材としての位置付けであり、常にコストセーブの対象としてみられてきた。慢性的な市況軟化商品でもあった。

「もっと自分たちの手で、マーケットをつくれる世界に出なくては、という気持ちが強くなっていった」と豊田。

そういうときに、飛びこんできたのがタテホ化学工業の買収であり再建支援策であった。

時は87年（昭和62年）のことである。

## タテホ化学の再生支援でつかんだもの

タテホ化学工業。兵庫県赤穂市にある電融マグネシア（酸化マグネシウム）の有力メーカー。赤穂といえば古くは塩田で栄えたところ。製塩産業地帯から生まれた技術志向の会社。

苦汁《にがり》を出発原料とするタテホの電融マグネシアは結晶度が高く、鉄鋼メーカーの転炉の高級耐火レンガに欠かせないもの。その電融マグネシアで国内シェア50％を誇る。また、高純度の電融マグネシアは電磁鋼板生産に不可欠の添加物として需要が高い。

タテホの技術力は高く評価されており、『西のソニー』と呼ばれていたほど。そのタテホ化学工業が80年代後半のバブル経済期、債券先物取引に乗り出し、何と286

億円もの巨額損失を出してしまった。87年（昭和62年）のことである。

巨額損失が表面化する前、87年3月期は売上高57億100万円で経常利益26億5200万円を上げるほどの高収益会社。技術を売り物にしていた会社が財テクに走り、大損失を出したときは大変な世の話題になった。

これを冷静に見ていたのが、当時大同酸素社長就任4年目の青木弘（前名誉会長）であった。

タテホ化学の持つ技術力は捨て難い。財テクという脇道にそれたのは経営の失敗だが、本来の電融マグネシアをつくる技術力を生かす手立てを考えようと、青木は、行動を起こした。

再建を進める銀行団とも話し合い、同社の第三者割当増資に応じ、12・4％の筆頭株主として大同酸素は経営に参画することになった。

「タテホを再建してくれ」と青木弘に言われて、タテホ化学工業社長に就いたのが専務の豊田であった。

当時、豊田は56歳。当時の一般社員なら定年退職の年齢に達しており、豊田自身、「最後のご奉公」と住所も赤穂に移し、再建に取りかかった。

タテホ化学へ赴いたのは、豊田のほか、技術・開発担当の常務と豊田の右腕になる社長室長の3人ということで、豊田が当時の心境を語る。

「とにかく3人で固まって行動するのはやめる。出社も別々。退社も別々。一緒に飯は食わない」と不退転の決意で仕事に取りかかった。

スピーディに仕事を進め、2日間で管理職約30人と面接し、対話した。まず、豊田は再建社長として何を話したのか？

「はっきりしています。なぜ、つぶれたか。西のソニーといわれたこの会社がなぜつぶれたのか、君らは知っとるのかというところから対話です。何でやというと、それは皆分かっているわけです」

本社は4階建ての立派なビル。2階には証券会社のディーラー室がしつらえてあった。財テク担当者は肩で風を切って歩いていた。メーカーにとっては異様な光景。即座に財テク部門を整理した。

豊田が工場の現場に行くと、建屋の床は穴が空いていて、新聞紙がその穴の上にかぶせてあるなど、すさみきった状況。

マグネシア生産に必要な煉瓦づくりの炉がある。それはマッフルと呼ばれる炉だが、その煙突が傾いてしまっている。

　これは、台風でも来たら、倒れてしまうんじゃないかと思って、聞くと、「25メートルの風が吹いたら、倒れます」という返事。びっくりの連続である。

「タテホというのは、マグネシアという粉屋さん。粉は14メートル高い所から、13の段階を経て、どんどん細かくして一番下で製品になる。製品タンク下部の漏斗《ろうと》の先に袋を受けて製品を入れていた。この間に何もないものだから、風が吹いてきたら勝手に飛ぶ。ミクロン単位の粉ですから、なんぼでも飛ぶ」

　無駄になることが多い現場。「無駄も無駄、飛んでも平気なんですよ。わたしが安全靴を履くと、足のくるぶしまで粉で埋まる。これはどういうことや、という状態」で豊田は工場刷新をすぐ決断。タテホは66年（昭和41年）の設立で22年が経っていた。

「これは口でなんぼ言ってもいかんなと。工場の施設を全部新しくやり直す。一番売れていた電融マグネシアの工場群も古くて、小さな電融炉が十いくつあった。その電融炉を全部一新して、大型の電融炉で13あった旧式炉を6つに集約しようと」

　設備投資額は約30億円。当時の売上は約60億円だから、思い切った投資額。しかし、再生していくには、避けて通れぬ設備投資であった。

銀行関係者を含め、あちこちから文句も寄せられたが、「これを実行しなかったら、再生できない」という豊田の思い。

設備更新を伝えたら、社内はどう動いたか？

「前向きです。彼らは技術には自信を持っていましたからね。技術そのものは西のソニーです。技術がある会社で、その技術を生かそうとしないで株のデリバティブや債券先物取引にうつつを抜かしていた。わたしが見たところ、10年間はそれで利益を上げていた。いつの間にかメーカー精神がなくなっていたんです。そこを取り戻すのが再生の要。技術はすたれていない。未だに、この技術は世界に通じていますからね」

技術本位の会社にするという豊田の不退転の決意であった。

こうして、およそ5年かかったところで再生も軌道に乗り、借金もあと半年で全部返せるというところまできた。バブル経済も崩壊、マグネシアの主要な需要家、高炉メーカーも収益環境が厳しくなり、立派な部材を使わなくてもいいと考えるようになっていた。

加えて、中国産の安い電融マグネシアが国内に入りこみ、たちまち市況悪化に悩まされた。

マグネシアで日本をリードするタテホ化学工業

さらに、タテホの米国子会社も不振で苦闘は続いた。その後、製造原価引き下げや新用途開発の努力が続けられた。

タテホ化学は、豊田と一緒にタテホ入りし、常務だった半田忠彦が社長となり、再生作業を続けた。豊田はこの間もタテホ再生に心を配り、同社は98年3月期で経常黒字転換を果たす。

しかし、米国事業の含み損も含めて、累積損失と債務超過（約30億円）が残っており、改革は続いた。その後、大同ほくさんが第三者割当増資に応じたりして財務体質を改善、2002年3月期で累積損失も一掃。タテホ化学が孝行息子に転じたのである。

## 継続なくして事業なし、成長なくして事業にあらず

成長とは何か？　エア・ウォーターにとって、あるべき成長とはどのようなものか——。経営の本質を衝く問いが次々と投げかけられる。18年7月、エア・ウォーターグループ（全246社）の経営幹部を集めた経営会議で、会長・CEOの豊田昌洋は、成長とは「強い会社をつくること」と宣言。同時に、『強い会社とはいかなるものか』、『すべてのステークホルダーの期待に応えられる会社とはどんな会社か』という2つの命題を共に考えていこうと訴えた。同社のM&A（合併・買収）の第1号とされるタテホ化学工業買収（1988）から30年が経つ。不振のタテホ化学工業を再建し、以後、コングロマリットの道を突き進んで成長してきた同グループ。「今こそ、経営の原点に立ち返ろう」と豊田は呼びかけ、「継続なくして事業なし、成長なくして事業にあらず」、「ダイバーシティこそ成長の梃子」と強調する。

## 成長なくして事業にあらず

「選択と集中だけが企業を強化する道ではない。わが社はあえて多角化に活路を求める」

２０１８年7月、大阪でエア・ウォーターグループ（全２４６社）の役員、部門長、関係会社社長など１９０人を集めての第19回経営会議が開かれ、エア・ウォーター会長・ＣＥＯの豊田昌洋は同グループの事業哲学についてこう強調。

経営多角化に活路を求める理由について、豊田は「事業には栄枯盛衰が避けられない」ということをあげる。

事業は時代の変化、技術の進展によって変わっていく。事業に浮き沈みがあり、栄枯盛衰が避けられないとすれば、どういった事業を選択していくか——と自問自答する中で、「人間の生活に欠かせない商品や事業であれば、仕事がなくなることはない」という事業哲学をエア・ウォーターは築き上げてきた。

この事業哲学を実践するための経営手法が『全天候型経営』と『ねずみの集団経営』である。

単一事業の会社であれば、その事業が時代の変遷と共に衰退していけば会社そのものが継続できなくなる。そうならないように、コングロマリット（複合経営）を形成し、産業系事業と人にかかわる事業のポートフォリオでの最適バランスを志向しながら、常に安定した収益を目指す『全天候型経営』を標榜。

そして、『ねずみの集団経営』で環境変化に敏感に、そして的確に適応していく経営を志向。

この地球上の哺乳動物の中で、環境変化に最も適応できるサイズと機能を持っているのは小哺乳類。中でも、一番種が繁栄しているのは、ねずみやリス、ヤマアラシなどの齧歯《げっし》類――ということでの『ねずみの集団経営』である。1社1社がいかなる環境変化にも適応し、逞しく、力強く生き抜くという決意である。

こうした多角化戦略について、市場からは当初、ネガティブに見られがちで、特に海外機関投資家からは、「高収益ビジネスの産業ガスになぜ、集中しないのか？」という質問を浴びせられた。

いわゆるコングロマリット・ディスカウントということであり、厳しい視線で見られていたのである。

エア・ウォーターはROE（自己資本利益率）10％目標を中期経営計画に掲げる。1株当たり、どれ位の利益をあげられるかを見る指標のROE。いわば株主としての投資効率を測る指標だが、具体的にこうした数値目標を掲げての経営改革を進める。

ROEは2018年3月期で9・4％で、その前の期（17年3月期は9・1％）と比べて上昇。投資家が期待するROEは8％以上とも言われており、健闘していると言えよう。投資格付けも、日本格付研究所のそれでAプラス、格付投資情報センターはAという評価。

2000年（平成12年）、旧大同ほくさんと旧共同酸素の経営統合でエア・ウォーターが発足。それによって同社は産業ガス事業の総合力強化を完了させるや、医療、農業・食品の各分野へと多角化に邁進。そして、『全天候型経営』と『ねずみの集団経営』で着実に収益力を上げてきた。海外機関投資家も、こうした実績を評価して、株価も着実に上昇。

市場は数字で実績を評価する。当初、コングロマリット・ディスカウントの視点で見ていた海外機関投資家も実績を見てプラス評価するようになる。そして、それは事業哲学に共感するということでもある。

「成長なくして事業にあらず」――。豊田は、これが「エア・ウォーターにとってのアイデンティティ、つまり存在の証《あかし》を示す言葉」と語る。

そして、この言葉こそが、エア・ウォーター経営の至高の命題であり、自らの信念ということをグループ内で言い続けてきている。経営信条は実に明確だ。

## 何のために、強い会社をつくるのか？

エア・ウォーターにとって、『成長』とは何か？「強い会社をつくること」という豊田の明快な答え。

では、何のために、強い会社をつくるのか？　という問いには、「永遠に続く企業であるために、言い換えれば、すべてのステークホルダーの期待に応えるために」と豊田は答える。

エア・ウォーターの歴史は自らを〝強い会社〟にするために、それこそ壁を破ってフロンティア（新領域）を切り拓くというものであったし、これからもそうであり続けるということ。

18年7月、グループ会社の経営幹部を集めての経営会議で、その歴史を振り返って、1988年のタテホ化学工業の買収を取りあげ「あのとき、青木名誉会長（弘氏、18年2月逝去、89歳）にとっては生き延びるためにはこの道しかない、という決断だったに違いありません。そこからエア・ウォーターへの道が始まります」と語った。

青木が社長、会長を務めているとき、豊田は専務、副社長、そして社長、副会長として青木を補佐。青木―豊田のコンビで多角化経営の仕組みと方向性を決め、今日のエア・ウォーターの基礎をつくった。

タテホ化学工業の再建を旧大同酸素時代に引き受け、再建社長の役を担ったのが豊田。タテホ化学を始め、M&Aの体験を踏まえ、豊田は相手企業の中に「必ず人材がいます。その人たちに活躍できる場を与えるのが経営者の仕事」と語る。

そうした場づくりを含めて、ビジネスモデルの革新が大事と豊田は強調。そして、エア・ウォーターが今日の成長を実現できた元は、「ビジネスモデルの革新、すなわちイノベーションにあった」と語る。

米ハーバード大学の経済・経営の専門家たちが最近、大阪で企業の成長戦略についてのシンポジウムを開催。同シンポジウムの出席者から報告を受けた豊田は「同大学の専門家たちが口々に、〝Think big, start small.〟（大きく物事を考え、事業は小さな規模からスタートさせる）と言っていた」という話が興味深かったという。

「革新はニッチに始まる。大組織の習性は成功体験の上に成功を築こうとする。起業家は成功体験を壊して前に進む。そして明確なイノベーション、世界を変えるという意志。これらが起業家たちの成功の要因だというわけです」

エア・ウォーターの成長戦略もそうした考えと重なる。そのM&A対象会社は、小規模か、中堅企業が多い。そして大企業の子会社でやってきたが、なかなか芽が出ず、業績低迷から脱け出せないという会社を引き受けての再建というケースもある。

そうした会社を立て直すには、会社経営の仕組みの変革、改革が不可欠。もともと潜在力（ポテンシャル）があるのに、それを発揮できずにいるケースも少なくない。

それを再生するには、旧来の仕組みを破壊することも時に必要。破壊した後に創造というイノベーション（革新）である。

## 山本五十六の教えに…

新たにエア・ウォーターグループ入りした会社の成長をどう図っていくか？　その場面で大事なのは人づくりであり、人の育て方である。

若いときは特定の分野で仕事につき、それをこなすことで周囲にも自分の存在が認められるようになる。日常の仕事にコツコツと励みながら、必要な知識やノウハウを積み重ねながら成長していく。

それで、自らが一つの事業や組織を任せられるようになったとき、「戦略的な思考ができる頭になっていないといけない」と豊田は語る。

豊田は人づくり・人の育て方、名将・山本五十六の言葉が非常に参考になると言う。山本五十六は先の大戦で、わが国の連合艦隊司令長官を務めた大将。戯曲『米百俵』で有名な越後・旧長岡藩の出身で、非常に人間味のある指導者として知られる。

大戦末期、南洋のブーゲンビル島で苦労している兵を励ますために、軍用機で飛行場を飛び立ったところを、敵機に襲われて命を落とした。

政府は、国葬を執り行い、その死を悼んだのだが、それほど山本五十六は国民に慕われていたということ。その山本五十六は人づくりについて次のように述べている。

『やってみせ　言って聞かせて　させてみせ　誉めてやらねば人は動かじ』

これは大変知られた言葉であるが、山本五十六はこのあとに続けて言う。

『話し合い、耳を傾け、承認し　任せてやらねば　人は育たず』

『やっている姿を　感謝で見守って　信頼せねば　人は実らず』

「この後の2つの言葉が非常に大事だと思います。仕事をやらせてみて、ただ誉めてやるだけではいけないんです。やはりやってくれたことに感謝しないといけません」

豊田は人づくりの要諦について、こう語る。

グループ全体の人づくり・人材育成について、豊田は「まだ途上です」という感想を示しながらも「責任と権限を与え、人づくりに臨んでいきます。2017年の経営改革はそういう考えで実施しました」と語る。

2017年4月、エア・ウォーター社長に、白井清司（1958年＝昭和33年10月生まれ、同志社大工学部卒。82年旧大同酸素入社）が選ばれた。

組織は、1人ひとりが自主性を持ちながらも、同じ目標に向かって情報と認識を共有し、チームプレーで当たっていかないといけない。文字通り、チーム一丸となっての和も求められる。

そのためには、何が必要か？

「いわゆる報・連・相（報告・連絡・相談）が組織には大事。この報・連・相がなかったら組織は生き生きしません。白井君はそうした基本が徹底している」

## 地球に視野を広げなければ

「継続なくして事業なし、成長なくして事業にあらず」――。豊田はこの言葉をことあるごとに繰り返す。

強い会社をつくる。そして、すべてのステークホルダー（顧客、従業員、株主、地域社会）に受け入れられる会社であり続けるためにも、人づくり・人の育て方は重要になってくる。

企業経営は永遠のものであり、長期的な企業価値向上への取り組みが求められる。豊田はよく、近江商人の『三方よし』の精神を引き合いに、企業経営のあり方を示す。『売り手よし、買い手よし、世間よし』の思想である。企業が永遠に存続するために、

2018年７月に開催された第19回経営会議の様子

先人・先達もこうした企業価値向上の理念を生み出してきている。

そして、豊田がグループ内に呼びかける。「エア・ウォーターは地球のために仕事をするという経営理念を持っていることを思い出してください」。

２０００年4月、エア・ウォーター発足の際、同社は次のように経営理念を掲げた。

『創業者精神を持って空気、水、そして地球にかかわる事業の創造と発展に、英知を結集する』

地球全体に視野を広げなければ、企業の成長はない――という豊田のグループ全社員への訴えである。

## 永遠に続く企業の構築に向けた2つの命題

米中2国による貿易戦争など世界は激しく変化、日本の人口と市場は縮小し続ける環境下、「いかに成長するか」――。18年7月のグループの経営幹部を集めた経営会議で、豊田昌洋会長・CEOは「事業には栄枯盛衰が避けられない」として、それを念頭に、「人間の生活に欠かせない商品や事業であれば、仕事がなくなることはない。これがわたしたちの事業フィロソフィー」と強調。世界の先行きは不透明だが、混迷のときこそ、「初心に帰るべき」として、経営理念である「創業者精神を持って　空気、水、そして地球にかかわる事業の創造と発展に、英知を結集する」に基づいて活動していこうと呼びかけた。永遠に続く企業の構築には、「強い会社を創ること」と「すべてのステークホルダーの期待に応えられる会社」の2つの命題を掲げる。成長へ向けての決意を聞くと――。

## 〝失われた20年〟に成長できた理由

――まず、今の日本の現状認識を聞かせてくれませんか。人口減少で市場も縮小、時間軸では1990年代初頭から、〝失われた20年〟に入りました。しかし、エア・ウォーター自身は逆に、その時期に成長してきた。日本経済が縮小過程の中で成長してきている。環境変化の中で、成長できてきた理由とは何だったのか。

**豊田**　日本の〝失われた20年〟というのは90年代初めから始まったわけですが、その前を辿ると、戦後復興期を経て20年位はみんなが高度成長ですね。成功事例も多かった。大量生産方式で少し成功を収めてきて、成功した時点で、横並びの状況が出てバブルが始まった。そのバブルがはじけて不幸な20年が始まりました。

その間に引き継いだ経営者の人達は、バブル期に育った人達で、事業というものを本当に見ていなかったと言えるんじゃないでしょうか。

今から思えば、我々が会社に入った時分、大企業は永遠不滅の存在だと。私などもそう思っていました。

ところが、当時の大企業で今も隆々としておられるところはほとんどメインの事業が入れ替わっている。入れ替えることができなかった企業が世界から凋落していったという事実が全てを物語ると思います。

だから、事業は常に変わることを考えなければいけない。変わってこそ、初めて生き残ることができる。それはダーウィンの生物の進化論と同じです。

――環境の変化に対応していくことが大事だと。

**豊田**　変化に対応していく者こそ、生き残れるのであって、強い者が生き残れるものではないということ。それを戦後の日本の経済史は立証しているのではないか。それはダーウィンの立証ではないかと思っているんです。

――それを、豊田さんが強烈に意識されたのはいつからですか。

**豊田**　90年代ですね。80年代後半のバブル期に、我も我もと度の過ぎた不動産買いだとか企業買いに走りましたからね。それが全部はじけてしまった。その間コツコツと自分の事業スタイルを見極めて変えていかれたところが生き残っていますね。

――日本はGDP（国内総生産）が世界3位で市場規模はそれなりに大きい。科学技術の水準も高いし、産業の裾野も広い。しかし、最近、活力を失ってきているのではないかと。英国のジャーナリストで『エコノミスト』元編集長のビル・エモット氏あたりは、近著『「西洋」の終わり』の中で、日本社会の硬直化を指摘していますね。

**豊田**　全く、その通りですね。確かに、一国の経済規模、経済成長という点では、日本は文句なしに一流国です。日本経済は稀に見る安定した状況を続けている。成長率こそ低い水準であっても、持続的にＧＤＰは拡大し、企業収益は最高益を記録しており、設備投資は増加基調を維持しています。

官民あげて、ＧＤＰ６００兆円経済に向けての努力やＡＩ（人工知能）などを使いこなせる『ソサエティ５・０』を実現しようと、政府をはじめ、この国のリーダーが国家社会の未来について、構想力をもって語ろうとしています。

日本経済は稀に見る安定した状況ですが、一方でその経済社会が映し出す影絵には、豊かさの中に無気力が蔓延している景色も見られます。新たな富と賃金の高い仕事を生む可能性のある起業が少ないこと、最近話題になるユニコーン企業がそう多く出ていないことも気がかりです。

厳しい言い方をすれば、日本の社会全体が無気力の中に溶け込んでしまっていると言えなくもありません。

――そういう日本の状況の中で、エア・ウォーターは「常に成長する企業でなくてはいけない」として、成長し続けるには、「常に、カタチを変える企業でないといけない」と説いていますね。

**豊田**　我々の産業ガス業界が限界産業と言われた時代から変身してきたわけです。

――自ら変えていくと。

**豊田**　自ら変革していく。産業ガス以外の他の産業にも乗り出そうということをやってきた。これは、2度の合併を経て、2000年発足のエア・ウォーターになって初めてそういう行動を本格的に起こしたと。変身するために、ある程度のベースがないとできません。

――93年に旧大同酸素とほくさんが合併して大同ほくさんができ、そして00年に共同酸素と合併して、エア・ウォーターが発足。3社の合併は今のコングロマリット経営の基礎づくりだったと。

**豊田**　基礎づくりですね。3社の合併として、産業界ではそれなりの存在感のある会社になれた。そうやって他の事業にも手を出せるだけの力を持てた。私はそう思っています。

だからこそ、合併は成功したし、成功した合併をさらに飛躍させるための今日の土台づくりができたということですね。これまでタテホ化学工業を買い、雪印食品の北海道工場（旧早来《はやきた》町）を買い、川重防災を買い、他のいろいろな事業を買ってきました。

そして雪印食品の北海道工場は『春雪さぶーる』として新たな食品事業への出発点になったし、川重防災は『エア・ウォーター防災』として医療機器や手術室設計工事の受注など病院設備分野の出発点になりました。タテホ化学は海水分野進出の出発点になった。

## グループの１社１社が「強い会社に」

――　18年7月の経営会議で、エア・ウォーターにとって成長することは『強い会社を創ること』と掲げ、永遠に続く企業であるために、「強い会社とはいかなるものか」ということと、もう一つ、「すべてのステークホルダーの期待に応えられる会社とはどんな会社か」を考えようと力説しておられますね。

**豊田**　まず、強い会社づくりということでいえば、88年（昭和63年）のタテホ化学買収がありました。あの時の青木名誉会長（弘氏、最高経営責任者として在任22年。15年名誉会長に就任、18年2月逝去、89歳）にとって、生き延びるためにはこの道しかない、という決断だったに違いありません。そこから、今のエア・ウォーターへの道が始まります。00年の合併によって、産業ガス事業の総合力強化が完了するや、食品、医療、そして農業へと、多角化に邁進していきました。

――海外投資家からは、なぜ高収益の産業ガスに集中しないのかという質問も寄せられましたね。

**豊田**　はい、いわゆるコングロマリット・ディスカウントを突きつけられました。それで、私達はＲＯＥ（株主資本利益率）の10％目標を中期経営計画に掲げ、成長率は10％前後が続きます。そうやっていくと、海外投資家も確実な計画達成という信頼性とは別に、事業哲学へ共感してくれるようになりました。『選択と集中』だけが企業を強化する道ではない、わが社はあえて事業多角化に活路を求めているのだと。そう考えるのは、事業に栄枯盛衰は避けられないからだということです。

また、人間の生活に欠かせない商品や事業であれば、仕事がなくなることはない。

これが私達の事業フィロソフィーであり、『全天候型経営』と『ねずみの集団経営』はそれを実現するための経営手法だと。

これがエア・ウォーターの強みですよと繰り返し主張していった。今では投資家の理解が得られていると思っています。

## 経営理念をしっかりと、事業には深みと広がりを

―― エア・ウォーターの歴史を見ると、経営のかたちや仕組みは変わってきていますが、その基礎となる経営理念を大事にし、しっかりと固めてきているという感じがします。

**豊田**　理念を大事にしています。それは、前の名誉会長（註・青木弘氏）が経営理念を一度つくったら、頑として動きませんでしたからね。

―― そういう姿勢を変えなかったと。

**豊田**　変えなかった。ひたすら、それを目がけてまっしぐらですからね。

―― 経営を担う者として、一本の筋を通すというか。

**豊田**　ええ。大事なことです。最初の合併で、ほくさん（旧北海酸素）と一緒になったときは、大阪、東京、札幌と、３本社制を敷きましたからね。合併1年後の役員会で、大阪本社1本にしたというところが、合併成功の秘訣。そこで組織論としての一つの筋を一本通した。

合併1年後の翌年12月2日に、全てのガバナビリティを会長、社長の指揮の下に一本化するということを決めたんです。

——３本社制では、社内がバラバラになってしまう。

**豊田**　そうです。バラバラになる。それで指揮命令系統を一本化して、企業を一本化。同時に、仲間をたくさんつくろうよと、連合と連体という考えを打ち出しました。

仲間のつくり方は、内輪ではグループ会社をたくさんつくろうと。外の業界とは業種を問わず、業務提携して手をたずさえていこう、広く世間とビジネスの広がりを持とうと。内輪においては、ビジネスの深みを求め、深みをつくろうと。深みと広がりの両方を目指しているのが連合連体の目的です。

——いわゆる連合連体経営ですね。社内はあらゆる部門が連合して事に当たり、社外の企業とも連体していけるものはそうしていこうとの考えですね。

**豊田**　ええ。実は、大同ほくさんが発足（93年）した翌年に、連合連体経営という構想を言っているんです。仲間づくりをやろうということですね。会社の中では連合であり、社外とは連体の精神で臨もうと。その時に同業8社と業務提携をしました。

――産業ガス業界としても珍しい考えでしたね。

**豊田**　珍しかったですね。岩谷産業さん、旧日本酸素さんなど同業とも連体の話を持ちましたし、異業種で竹中産業さんとも提携した。そうやっていろいろな知識と仲間づくりのカルチャーを身に付けたわけです。仲間づくりとはこうあるべきだと。

――同業とは日頃、競争関係にあるわけで、利害も絡んでそう簡単には話がいかない面もあったのでは？

**豊田**　お互いが競争者であることを強く意識しながら、仲間になることの良さを感じようじゃないかということで進めてきましたから。仲が悪くなるようなことはしなかったですね。

――人でも、企業でも2者がいれば意見がぶつかり合うこともある。しかし、合意できないものがあれば、前向きに取り組もうということですね。

**豊田**　話し合いをしながら、その中で合致点を見つけて、そこで両者が仲間になった良さを享受すればいいわけですから。それは本当に難しいんですけどね。それは合併ではなく、単なる連合連体に過ぎない。ともかく内輪でやるのも大事ですが、外も大事。我々の世界の広がりと深みを持たそうということで連合連体を言ったわけです。皆さん、次はどこと話をするんだとおっしゃっていました。どことでもしますよと我々は言って動きながら、異業種、あるいは自分たちの世界の外への抵抗感を我々自身がなくしていったというところはありますね。

## 空気、水、そして地球にかかわる事業の創造と発展

――そういう経緯をたどりながら、2000年にエア・ウォーターが発足。社名にしても、既成概念を打ち払ったということで、話題を呼びましたね。

**豊田**　はい、従来の殻を捨てて、要するに社名を捨てるわけで、全く新しいエア・ウォーターという空気と水の会社をつくったということです。そこで、新しい歩み方と新しい企業体をつくらねばならない。これは当然そうでなければならない。そこで経営理念ができた。だから、過去のものを背負うのはやめようと。創業者精神を持っ

て臨もうというのは、そういう考え方です。

創業者精神を持って
空気、水、そして地球にかかわる
事業の創造と発展に、英知を結集する

これは、単純な理念で分かりやすい。何でもできるということです。そういう経営理念を出して、一方では行動指針として、いわゆる『横議横行』と『脚下照顧』を打ち出しました。

何でも自由に闊達に議論をしようというのが『横議横行』。同時に足元はきちんと見て行こうというのが『脚下照顧』でこの行動指針が両方とも大事だよということです。

――そして、経営手法として、『全天候型経営』と『ねずみの集団経営』をあげていますね。

**豊田**　ええ。いろいろなことをやった結果、景気の良し悪しにかかわらず、会社の経営は常に安定して成長しなければいけないというので『全天候型経営』を実践していこうと。そのための具体的な行動としては、地球始まって以来、生き抜いて生命を永続させている小哺乳類、例えばねずみのような活動力、すなわち環境適応力のある事業でないといけない。そういう意味で、ねずみという表現を使っています。

そういうことを含め、一人ひとりが創業者精神を持って……エア・ウォーターが設立された2000年を創業元年という風に我々は考えています。

過去は尊重するけれども、過去にはこだわらない。ということで社名も新しくする。経営理念も新しくする。そして、我々の行動指針もはっきりさせるというところで、これは全く新しい装いの会社ができあがった。

そこから始めて、わが社の今日あるコングロマリットの考え方が出てきて、チャンスがあるたびにM&Aをしながら、その数もとうとう250社に達したということです。

## 地球世界に視野を広げて

——エア・ウォーターは、地球のために仕事をするという経営理念を持っているということですが、今、地球規模を意識したESG投資、SDGs（持続可能な開発目標）の運動が世界規模で広がっていますね。

**豊田**　私は18年のグループ各社へ向けての年頭あいさつの中で、事業継続の重要性とその条件を語ろうとして、近江商人の『三方よし』を引用しました。『売り手よし、買い手よし、世間よし』の考え方ですね。その同じ考え方が、世界の潮流として、ＳＤＧｓの運動につながっているという話をしました。

ＳＤＧｓはSustainable Development Goals（持続可能な開発目標）として、国連サミットで採択された経済開発のための地球レベルの行動計画です。それを全世界の政府、企業、市民全てに実践行動として広めようという動きで15年からスタート、日本でもようやく17年頃から動きが活発化し始めました。

17の目標、例えば貧困をなくし、飢餓をゼロにするとか、質の高い教育や気候変動への対策、海の豊かさを守るといった目標ですね。このＳＤＧｓの運動を支える中心理念は、『誰一人としてとり残さない』、そして『この世界を変革する』です。

これはエア・ウォーターが、ある意味先取りしている経営理念であり、『地球にかかわる事業の創造と発展に英知を結集する』の考え方こそがエア・ウォーターを永遠に持続する会社、つまり強い会社にしていくのだと思っています。

## 「語れる事業」づくりを!

「語れる事業をつくることが大事」と会長・CEOの豊田昌洋は各カンパニーや各地域事業会社の長に説く。次期中期経営計画は1兆円企業ビジョンを現実のものとする3カ年計画だが、「事業を語るカンパニーになって欲しい」と語る。エア・ウォーターがM&A(合併・買収)してきた企業は約150社、グループ会社は250社に上る。これを150社ほどに再編していく考え。「早急に案を出せと言っています。満足できないなら、第2弾を出したらいい。答えは早く出さないと駄目」と豊田。戦後70余年、存続し続ける大企業は中身の仕事が「恐ろしいくらい変わっている」という認識。AI(人工知能)やIoTの登場、世界規模で国と国の関係や通商秩序が変わる。変化の激しい中にあって、自ら「経営の仕組み、事業構造を常に変革していかなくてはならない」という豊田の経営観である。

## 新しく加わった企業の士気を上げるには

――エア・ウォーターはこれまで約150社のM&A（合併・買収）を行ってきましたね。改めて、M&Aへの考えを聞かせてくれませんか。

**豊田**　初期のM&Aは全部と言っていいくらい、好材料の会社でしたからね。というのは、大会社の子会社を譲り受けていましたから。大会社の子会社は、きちんとマーケットをにらんで事業部門を持っておられた。ただ、大会社だから、一定のところで満足しておられた。

我々はそこへ手を突っ込んで、もう一度手を入れることによって、生き生きとした会社に仕上げていけば、もっと大きくなるだろうということで取り組んだのが、例えば雪印食品の北海道工場です。今の「春雪さぶーる早来《はやきた》工場」ですね。買った当時の春雪さぶーるの売り上げは約80億円、今は約330億円近くになっています。利益もきちんと出しています。

――雪印食品で牛肉偽装事件が起きた時のことですね。

**豊田**　それがあって、先方は経営を手放されましたから、工場を閉めようかという時でした。当時、早来工場には約230人の従業員がいて、地域の雇用が失われるというので行政当局も困っている状況でした。

早来工場の新しい出発に際して、『雪印』のブランドは使えないというので、『春雪』にしました。『春雪さぶーる』の〝さぶーる〟は旧大同酸素が旧ほくさんと合併した際、ほくさんが持っていた冷凍食品を展開する子会社の〝さぶーる〟（フランス語で風味という意味）を受け継いでいたので、そこと合体させて、新しいスタートを切ったわけです。

それからずっとその事業を手掛け、結局今日では、ハムの世界で言うと、相模ハムを買い、大山《だいせん》ハムを買いました。国産生ハムではトップクラスシェアで特に業務用にはよく売れています。

―― 相模ハムも大山ハムもブランドですが、統一するということは考えないですか。

**豊田** ブランドを生かすのが値打ちだと私達は考えています。雪印食品だけは雪印ハムというブランドを使わせてくれませんでしたから、春雪ハムとしました。今やスイーツ類など様々な食品関係を手掛け、売上高も約330億円になっています。

――M&Aはその後の経営が大変だと一般に言われますが、人の活用、配置についてはどう考えて臨んでいるんですか。

**豊田**　買収した会社には、私どもはごく少数の人間しか出しません。ポイントの人間を出して、あとは従来の人達を生かして成長してもらうということです。大会社の子会社は大体、親会社から来た幹部が上に座って指示を出すというやり方が多かった。しかし当社の場合は、そもそも人がおりませんから。雪印食品の北海道工場にも3名ほどしか行っておりません。

大事なことは、現地の人達にヤル気を持ってもらうために、必要な資産を使うということです。M&A直後に資金を投じ、生ハムの新工場をつくった。こうした前向きの設備投資を見て、関係者もこれは本気だなと感じてくれます。

――旧大同酸素時代に買収したタテホ化学工業もそうでしたね。タテホ化学の売上高が約60億円の時に、30億円をつぎ込んで工場を建て替えましたね。

**豊田**　タテホ化学は、資金を投入することでしか再建できないと思いました。老朽化した設備を変えないと駄目でしたから。あの時の大同酸素は、頼りない資金繰りの中での投資ですから、正直申し上げて命懸けです。

しかし、生ハムの時は3社合併のエア・ウォーターになっていましたからね。

―― M&Aの成果は、どのようにして上げていますか。

**豊田** 例えば、防災（セキュリティ）の領域では川重防災を川崎重工業さんから買ったんですが、買収時点で売上高は約120億円で3億円の利益しかあがっていませんでした。

買収した後、社長以下3人を送り込んで業務改革を行い、短期間に200億円の売上高にし、利益も20億円近くになりました。今では売上高は約300億円、利益は約40億円になっています。今、工場も随分つくりましたし、投資が続いています。

―― 防災領域とは、どういう結び付きがあったんですか。

**豊田** 川重防災は、病院の医療用ガス供給設備を主にしていました。それは単に病院を建てる方の仕事で、手術室などの内部の施設や中身になる医療機器をどうするかに関しては手掛けていませんでした。

そこで、私達は美和医療電機や精研医科工業を買収して陣容を整え、また、その領域の専門家を入れて、新たな提案ができるようになって充実したビジネスに仕上げたんです。

――これまでの建屋をつくる仕事から、病院設備全体を見る事業に広がってきたと。

**豊田**　手術室などを手掛け、医療機器もドイツなどから持ってきたり、美和医療電機を加えることで、医療事業にも深みが増していった。仕事そのものの充実、広がりを持たせたんです。それで安定したビジネスになってきた。

今日では、エア・ウォーター防災が医療カンパニーの中心会社になってきた。それが果たして中心事業になるかどうかはわかりません。今後の3年間でその辺のことを考えていくことになります。

――今、グループ会社は250社、連結子会社は111社ですね。これからの陣容は？

**豊田**　250のグループ会社は、再編して150社くらいに持っていこうということで、今、検討させています。

それは数減らしが目的ではなく、いろいろな事業を集めることによって、強い事業につくり変えようと思っているんです。

――その作業が終わるのは、いつ頃ですか。

**豊田**　19年3月までに案を出せと言っています。こういう仕事は余りのんびりしていられません。案を出して、不備があれば、さらに第2弾を出したらいい。答えは早く出さないと駄目です。短い間に、直感力も働かせて仕上げる。それで良ければ良い、悪ければまた直していけばいいわけです。

――豊田会長は、経営の縦糸に8つの事業、横糸に8つの地域事業会社を挙げて、縦糸と横糸の組み合わせが大事と日頃説いておられますね。それにグループ会社を組み合わせて、エア・ウォーターの根幹が形成されていますが、こうした中核企業の有り様も変わってきますか。

**豊田**　変わります。また、変わらなきゃいかんと思っています。これからは数多きを尊しとしませんから、できるだけ強くて、継続して存続できる事業にしていかないといけない。

何しろ、戦後我々が見ていた大会社は、仕事の中身が恐ろしいぐらい変わっています。我々だって、これで安心したらいかんのです。常に1年ごとに変化をしていかないといけない。そして、翌年どう変わったかというところを反省しながら、次は何かを考えなければいけないということですね。

常に変化しないと駄目です。同じことを繰り返していたら、10年もたてば、間違いなしにその後はなくなる。それは戦後の産業界の歴史が物語っています。

今度の中期計画（2019年度—2021年度）がそうした検証を進める上で大事な期間だと思っています。

## 誰にでもわかるような言葉で語れる事業体に

——改めて今回の中期計画のポイントは？

**豊田**　今度の中期計画で1兆円を達成しようと。今までは目標でしたが、今度は必達の数字。1兆円だけは必ずやろうと思っています。その時は、各カンパニーが「私どものカンパニーはこういう事業をやっています」ということを語れるような事業体にしておかないといけない。

——語れる事業ということですが、その辺を具体的に。

**豊田**　今までだったら、医療カンパニーは何をやっているかについて多言を要していた。それをポイントを押さえ、語れるようにすると。簡潔に一言で言えるのは、エネルギー部門ぐらいのものです。「プロパンを売っています」で終わりですから。しかし、これはある意味で情けない話です。

プロパンを売っているだけではいけないんです。エネルギーの名が付く以上、エネルギー関係の事業をきちんとやって、3つぐらいの柱のある事業をやらなければいけない。

それはLPガスと、それに伴う関連機器類、LNG（液化天然ガス）もやり電気もやり、プロパンもやる。ガスの多様性とその他の事業、器具事業を持って、2本柱、3本柱にしないとカンパニーではないわけです。そういうことを考えないと永続性は確保できません。

——事業を語れるということは、自信があるということにもつながる？

**豊田**　つながります。事業を語る、誰でもわかりやすい言葉で語れるような事業体にしていく。私はそういう目で中期計画を見たいと思っています。

——手応えの方は？

**豊田**　手応えはありますし、さらなる手応えをこれからつくらないといけない。それぞれのカンパニーは医療領域で売上高約1800億円、産業ガスも約1800億円、農業・食品が約1400億円、その他が500億円から700億円という事業規模です。こうした規模を、一言で語れるようなものにしていくのが、この3年間の課題だと考えています。

そうした課題をきちんと乗り越えて初めて、次の3年が語れる。常に、語れる事業を手掛けていくと失うことが少ない。事業が消えることはない。語るということは、自分が納得しないとできませんから。

――語ることで、自らがいろいろなことに気付く。

**豊田**　そうです。人に語っているうちに、問題点も明確になるし、強み弱みがわかってきます。また、さらにいい点は伸ばし、悪い点は直していく。

物事は語らんと駄目なんです。物事を理解するのに黙読では駄目です。声を出して語ることが大事です。これは、私の長い間の経験です。本を読んだって頭に残りません。けれど、人にそれを語ったら残りますよ。語っている最中に、この文章はちょっとおかしい、少し変えようかなと。カンパニー長自身が我がカンパニーを語れと。私はこういうカンパニーにしたいと。

例えば自分のところは5つの事業を抱えていて、今後の状況を見ると、この事業が伸びると思うから、主眼にしてやりたいと語る。加えて、第2、第3の柱はこれでいく。そして3年間に、この事業をどういう形にするのか、マーケットをにらみながら語るということです。マーケットを理解していないと語ることはできませんから。

――自分の強みや課題もわかっていなければ語れない。

**豊田**　語るうちに、また強みと弱みがわかってくる。そこで修正が利く。ということで語るということは大事なことです。

――語ることができる人は業績を伸ばしていますか。

**豊田**　伸ばしていますよ。経営会議でも、17年はカンパニー長に語らせましたが、18年は地域事業会社の社長に語らせました。そういう効果を狙って語らせている。資料をつくる。つくりながら考える。語っているうちに、自分でパッと思い当たるところが必ずある。そこは改善したり自分なりに努力して改良、強化したり、何かしてくれます。人の前で語るのは大事なことです。

春雪さぶーるのハム製品

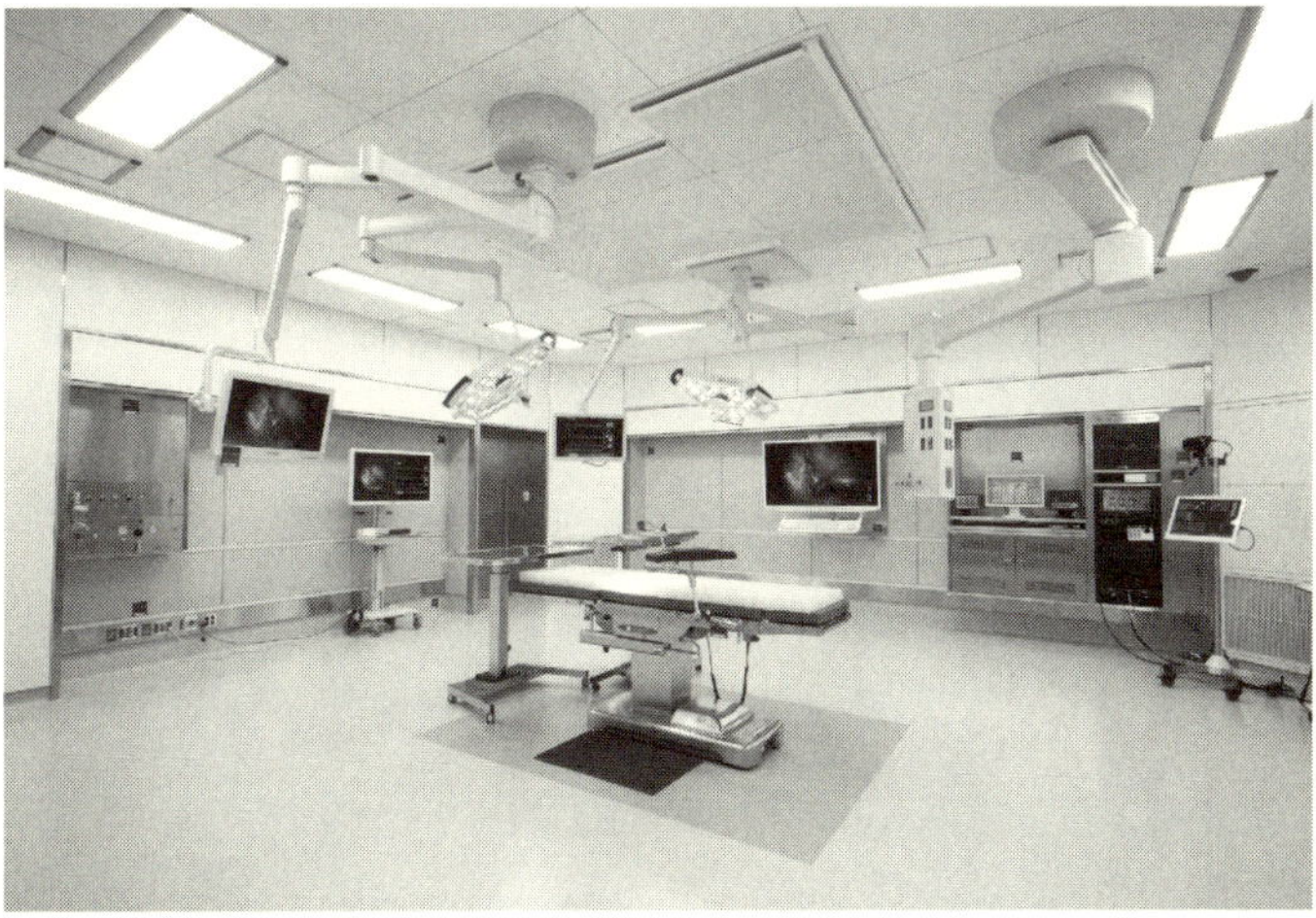

手術室「AMhouse（アムハウス）」

## 自然災害など緊急時に対応できる事業構築を！

18年9月の北海道胆振《いぶり》東部地震では電力でブラックアウトが起き、一斉に停電となった。困ったのは、手術を抱える病院や避難指示などで多忙を極める行政機能の停止。そのとき活躍したのがエア・ウォーターの移動電源車。そして台風が立て続けに襲来した18年、同社は被災地、広島へ〝水〟を送り届けた。同社には、グループ内に天然水を製造販売する『AW（エーダブリュー）・ウォーター』という会社がある。また、『日本海水』という製塩会社も持つ。製塩過程で得られる水をミネラルウォーターとして製品化している。災害に強い企業づくりという時代のテーマの実践である。こうした社会貢献や時代のニーズに応える事業を、コングロマリット（複合経営）として、どうつくり上げていくか――。「自らの事業を語れ、語れるような事業体にしていくことが大事」と説く豊田の『語れる事業』哲学である。

## その地域の特性や特徴を生かした事業をつくれ！

――人に語れる事業をつくることが大事ということは、いろいろな角度から事業を見つめることに通じますね。

**豊田**　そうです。そして自分自身にいつも自問自答する。語るという言葉は、仕事をする上で一番大事なことだと思います。人に語ることができずして、事業のトップになるなと。話し下手ということはあり得ない。熱意があれば訥々でも伝わります。

――中身があると、話は相手に伝わるのだと。

**豊田**　そうです。そこが大事なところだと思っています。中期経営計画（19年度―21年度）で売上高1兆円を、という計画で、これは絶対成就させるものだと。大事なのは、各カンパニー長は3年後のカンパニーの姿を語れ、それで3年計画をつくると。数字そのこと自体は問わない。数字はまとめて1兆円になったらいいということです。

――産業ガス、ケミカル、医療、エネルギー、農業・食品、物流の6つのカンパニーと海水、エアゾールの2つの事業、8つの地域事業会社がありますが、この連携はあるんですか。

**豊田**　連携はあります。それで、私はそれこそ語りながら反省しているのですが、地域事業会社はカンパニーの事業にこだわることはないと。地域でその事業なのだから、地域の特徴のある事業を打ち出してくれと言っているんです。

（祖業の）産業ガスと医療ガスを中心に、あとの事業が少しばかり付いているという感じで、どうしても金太郎飴みたいな内容になってしまいがち。もっとも各社とも売り上げは100億円以上の立派な会社にしてくれています。売上高営業利益率もみんな10％を超えています。それはそれで立派な事業ですが、金太郎飴ではいかんなと。

地域と名の付く以上は地域に根付かなければいけない。ですから、地域の事業をもっと取り入れていこうと考えています。だから、カンパニーの事業にこだわるなと。わが社は言われたように6つのカンパニーと海水関連とエアゾール関連の2つの事業で8つの事業を手掛けています。この8つの事業にこだわることはない。それは地域の特徴のある事業ならやりなさいと。20億円でも30億円でも、その程度のM＆A（企業の合併・買収）を自分たちで探してくると。極端に言えば建設業でもいいわけです。

例えば北海道エア・ウォーターがM＆Aした環境検査分析などはそうした特徴のある事業といっていい。品質を測定調査・分析する会社です。

――最近は、製造業でデータ偽装などが出ていますが、品質をチェックし、保証することにもつながる仕事ですか。

**豊田**　そうです。食品などいろいろ分析が必要な事業もありますから。分析会社がこれから重要になってくる。これは将来的には有望な事業。そうした会社を最近北海道で1つ買いました。これで分析会社は2社になりましたが、存在感のある分析会社にしようと考えています。

## 被災地に水を届け、移動電源車も活躍

――近年、自然災害が増えています。台風襲来や地震が起きた時に地域事業会社はどれくらい貢献できるものですか。

**豊田**　北海道胆振東部地震では水と移動電源車で貢献しました。LPG（液化石油ガス）で発電する機械をトラックに積んで、小さい病院などに行ったりして電気を供給しました。全道が停電になる中で、これは喜ばれましたね。

――今、移動電源車は何台くらいあるんですか？

**豊田**　26台です。もっと作っていきたいと考えています。移動電源車は東日本大震災が起きてから、危機時のエネルギー確保という課題が起き、自治体に向けて売っていったんです。自治体も最初は前向きに導入を図る取り組みがありましたが、予算面から見送られるケースが多くありました。でも、今回は停電という不測の事態で病院に電源を届けられて、喜んでもらいました。

——この移動電源車は国産ですか、輸入品ですか。

**豊田**　エア・ウォーター製です。トラックなど輸送用車両の各種ボディを架装する会社もグループ内にありますのでね。

——いざという時に役に立てるというのは嬉しいですね。

**豊田**　これから自然災害が数多く起きるという予想がなされる今、私達も何ができるかを一所懸命に考えています。例えばレンタル方式があれば災害時の司令塔となる自治体での導入が進むのではないかと思います。

——そうした資金面での工夫も大事ですね。

**豊田**　メンテナンスも引き受けて、レンタルやリースにして自治体に預けておけばどうでしょうか、という提案ですね。

特に孤立している地方の自治体など、過疎の地区へ行けば行くほど、レンタル料を安くしておくなどして、不測の事態に備える。利益は二の次で、地域事業会社の地域社会に対する貢献という形でやればいいと私は思っています。

――自然災害が多発、電気とガスの供給が途絶える事態が多くなりました。社会インフラに関わる事業を抱えるエア・ウォーターとして打つべき事、やるべき事はいっぱいあると。

**豊田**　プロパンガスもあり、電気もあれば、鬼に金棒です。そういう自然災害時にどう対応するかといったことも企画していく。それは大都会ではなくて、特に地方ですね。大都会で停電したら、我々のような発電車ではとても足りません。地方でこそ、お役に立てる仕事だと思います。

――災害に、企業としてどう対応していくか。土砂崩れなどで水道などのインフラが壊され、水不足というケースも多くなっていますね。

**豊田**　災害への対応をしっかりやる企業集団でありたいと。私どもは、水の事業も手掛けていますから。18年7月の大水害で被害の大きかった広島県に天然水をかなり届けました。また、四国にも水を製造する拠点があります。

――四国のどこで水をつくっているんですか。

**豊田**　香川県の坂出市です。香川県は昔、塩田で栄えたところ。今は海水を漉しあげて塩の結晶にしてつくるんですが、残ったものは蒸気になっていく。その蒸気を冷やすと水になる。これをミネラルウォーターとして活用しようと、飲料事業に持っていったんです。

――無駄がないですね。

**豊田**　塩も結構面白いんです。製塩事業は、当社のグループ会社、日本海水が手掛けています。製塩会社そのものは今は日本で4社しかないんです。

## 製塩事業を広がりのある事業群にしてきて

――製塩会社が4社しかないということですが、製塩事業参入はどんな動機からですか。

**豊田**　旭化成さんが塩分を漉す膜をつくっておられ、その膜を使うために塩会社をほとんど手に入れておられて、旭化成さんの子会社が多かった。それを買ったんです。

初めは赤穂海水と言っていたんです。今の日本海水の前身ですね。

――この事業は安定的に利益が出るんですか。

**豊田**　塩が売れている限りは大丈夫です。しかし、日本海水を買った時は、日本海水の売上高は１４０億円。浦島海苔を込みでＭ＆Ａしたので、売上高は当時合わせて約１９０億円ありました。浦島海苔は海苔業界ではそれなりのブランドで、海苔の産地の九州・有明海で生産しています。拠点は熊本市の少し北の玉名市にあります。

――それにしても、なぜ浦島海苔まで買収することになったんですか。

**豊田**　私どもが日本海水を買収する時は、旭化成さんからファンドに渡っていました。浦島海苔は赤字でしたが、ブランドは通っていました。幸い、日本海水本体に逆のれんがあるという触れ込みでしたね。

――普通は、Ｍ＆Ａした金額と対象会社の株式時価総額との差額をのれん代として償却していく必要があります。それが、逆のれんということは利益を生む財源の一つになっているということですね。

**豊田**　もう少し具体的に言えば、逆のれんは5年間で毎年2億円ずつ利益を出していたので日本海水も助かっていた。それで収益を確保するという形でした。

それを承知で買って、買収した後にどうするかということ。製塩だけでは飯は食えませんから、こちらから人を送って全く別のような会社にしました。

買った時の売上高は約190億円ですが、18年は310億円になって連結の利益は約29億円出ます。

——それは、水を売ることも加わっているんですか。

**豊田**　水も売りますが、電力事業もやっている。そもそも製塩に必要な海水の濃縮と水の蒸発には電力と蒸気が要ります。自家発電ですね。バイオマス発電を赤穂（兵庫）でやっている。これはＦＩＴ（固定価格買取制度）を利用して売電ができる。20年度には電力事業の売り上げは100億円を超えます。小名浜（福島）にも日本海水の工場があり、ここでも電力事業をやっています。

赤穂、小名浜の両方に発電所があると。小名浜の方は合弁で住友商事さんがメインの出資先です。赤穂では発電所の増設もやっているし、電力だけでも事業になる。電力事業部が日本海水の中にあるということです。

それから環境事業部。環境事業というのは、下水道の配管工事をやる会社（アクアインテック）を買いまして、それも結構利益をあげている。それに酸性の液体を中和して海に流すという環境事業やいろいろな薬の製造です。

――その一連の事業を日本海水がやっているわけですね。

**豊田**　塩事業と環境事業、電力事業、農食品事業ですね。讃岐工場の横に空き地が1万坪（約3・3万平方《メートル》）ほどありまして、そこで農食品関連を含めて、いろいろなものを作っている。

――日本海水は旭化成という大企業が手掛けていた会社。大企業傘下の会社を買うというのはエア・ウォーターのM&Aの一つのやり方ですね。

**豊田**　大会社の子会社を買うというのは、ものすごくやり甲斐がある。大会社が手掛けておられたということは、それなりに根拠があってやっておられたということですからね。ただ、安定経営というか、普通の経営で、そのまま終わられる。そこへ、我々が一味違ったことを入れていく。従業員みんなにヤル気を起こさせる。従業員の中から抜擢して、それぞれ指導者、責任者の地位につけてヤル気を起こさせる。そうすると、いろいろなアイデアが出てくる。その中でビジネスの展開を図っていく。そういう所に面白みがありますね。

――成長を作り出す醍醐味。

災害時に活躍するエア・ウォーターの移動電源車

**豊田**　最初にタテホ化学の買収で海水との縁を結ぶんですね、それが日本海水のM&Aにつながるわけです。しかし海の恵みであり人間にとって欠かせない塩を作っていても、これだけでは事業としての成長は望めない。何とか成長への道を開きたい。そんな気持ちがエネルギーとなって、環境、農食品、電力という具合に仕事の幅が広がる。従ってM&Aはあくまできっかけです。その後が本当の仕事です。

## 時代の変化に対応する「海水カンパニー構想」

永遠に成長する企業経営とは何か？　その実現のためには、「カタチを変える、変えなさい」と会長・CEOの豊田昌洋は変革が大事と強調。1929年（昭和4年）に創業して2019年は90周年を迎える。この間、祖業の産業ガスでは2度の合併を果たし、2000年にエア・ウォーターとして発足。『創業者精神を持って空気、水、そして地球にかかわる事業の創造と発展に、英知を結集する』を経営理念に、6つのカンパニーと2つの事業を加えた8つの主要事業を縦糸に、8つの地域事業会社を横糸に組み合わせた経営の仕組みを構築。その経営の仕組みも環境変化に対応して、〝カタチを変える努力〟は今後も続く。21年度を最終年度にする次期中期経営計画の具体的な数値目標は売上高1兆円の達成。新しい成長へ向けてのキーワードは「革新＝イノベーション」だ。

## 『革新＝イノベーション』ですべてに切り込む！

１兆円企業を実現する――。エア・ウォーターは次期中期経営計画で売上高１兆円企業ビジョンの実現を果たすとしている。

会長・ＣＥＯ（最高経営責任者）の豊田昌洋は2018年9月、グループ幹部を前に次期中期経営計画の基本方針を述べる際、「いよいよビジョン実現の時が到来しました」と自分の思いを次のように伝えた。

「次期中期経営計画で、１兆円企業ビジョンを現実のものとします。高い目標に立ち向かって、いつでも計画をやり切る、これを当たり前のこととしてやってきた、その大いなる成果であります。大事な中期計画となります。それはファイナルでありスタートでもあるからです。なぜなら、エア・ウォーターは永遠に成長する企業だからです」

エア・ウォーターにとって成長とは何か？　と問われると、「強い会社を創ること」という豊田の答え。

〝強い会社〟は何のために？　という問いには、「永遠に続く企業であるために、言い換えれば、すべてのステークホルダーの期待に応えるために」と豊田は答える。

顧客、従業員、地域社会、株主など全ステークホルダーの期待に応えていくには、成長することが不可欠。そして環境変化に対応し、生き抜いていくためには、自らを変革させていかなくてはならない。「常にカタチを変える経営を」と豊田が説き続けるのも、永遠に成長する企業に求められる実践項目だからである。「カタチを変える、変えなさい」――。9月、次期中期経営計画策定の基本方針を明らかにする際、豊田はグループ幹部にこのことを強調。

環境変化の中を生き抜き、成長し続けていくということは、強い会社を創るということ。それを実現するには、「イノベーション・革新の連続」が大前提になる。

次期中期経営計画で1兆円企業に成長する。それは、祖業の産業ガス、医療用ガスから出発し、2度の合併を経て、2000年にエア・ウォーターとして新しい生き方を追求してきたことの成果。

『創業者精神を持って　空気、水、そして地球にかかわる事業の創造と発展に、英知を結集する』という経営理念を掲げ、6つのカンパニーと海水、エアゾールを加えた8つの主要事業、8つの地域事業会社を持つコングロマリット（複合経営）として結実したということでもある。

売上高1兆円のコングロマリット経営の実現。その意味で、次期中期経営計画は2021年度において、1つのファイナル（最終目標）であるけれども、同時に次の成長に向けて、新しいスタートを切る大事な計画になる——という豊田の認識である。「数字の計画だけではなく、ストーリーのある、語れる中期計画に仕上げていくことが大事」と豊田。

産業ガスに始まり、エア・ウォーターの事業はどれも人間の根源的な営みに深く結びついている。M&A（企業の合併・買収）でグループ会社は連結子会社111社、持分法適用関連会社11社を含め合計250社（18年3月末現在）と拡大。それは産業ガス、ケミカル、医療、エネルギー、農業・食品、物流と6つのカンパニーと主要関連会社群として海水関連、エアゾール関連の2つが加わり、8つの主要事業を抱える。いずれも、人間の生活に欠かせない事業であり、それが「自分たちの事業の土俵」という思い。

人間の根源的な営みに深く結びついた事業を選び出し、安定した収益に結び付けることで、エア・ウォーターは成長してきた。「この土俵の最大の特長は、決して買い手がなくならないということです」

豊田はこう強調する。ただ、事業には栄枯盛衰が伴うし、環境の変化や時代のニーズの変化にどう対応していくかという課題は常に存在する。同じ経営の仕組みにとどまっていれば、状況に流されてしまうことも起こりかねない。

自分たちの事業の土俵に揺らぎはないか、常に環境変化に敏感に対応し、迅速に手を打っていかねばならない。そういう認識を踏まえて、次期中期経営計画のスローガンに、豊田は『革新＝イノベーション』を掲げ、「このキーワードを持って、すべてに切り込んでいくように」というメッセージをグループ幹部に送り込んだ。

今、世界の政治が大きく揺れ動き、経済も先行き不透明感が増し始めた。悲観論に陥る愚は避けねばならないが、環境変化には迅速に対応していかなくてはならないのは産業界共通の課題。

「次期中期経営計画は、1兆円ビジョンに向かってのファイナル計画です。テープを切っても、その先があるゴールなのです。変えましょう、変えなければ次の時代はないものと覚悟してください。みなさんが変えるのです」という豊田のメッセージだ。

## 新たなカンパニー・海水カンパニー構想

豊田は、最高経営責任者として、「6つの革新を実行する」とグループ幹部を前に宣言。

まず1つは、ポートフォリオ（投資戦略）の革新で、文字通り、エア・ウォーターグループの〝カタチ〟を変える作業である。

具体的には、新たに海水カンパニーを立ち上げ、これまでの産業ガス、ケミカル、医療、エネルギー、農業・食品、物流の6つに加えて、合計7つのカンパニーとする構想だ。

同社は、縦糸と横糸を撚り合わせ織りなす経営を標榜。これまで6つのカンパニーと海水関連、エアゾール関連の2つの事業を加えた8つの主要事業を縦糸に、8つの地域事業会社（北海道、東北、関東、甲信越、中部、近畿、中・四国、九州各エア・ウォーター）を横糸に互いに撚り合って、コラボレーション（連携）も進めようとしていた。

紆余曲折を経た日本海水とタテホ化学工業だが、歴史をたどると、元々日本海水はタテホ化学工業の親会社で以前は『赤穂海水』という会社名だった。そこから化成品部門が独立してタテホ化学工業が１９６６年（昭和41年）にできたという歴史的経緯。

日本海水はその後、旭化成の傘下に入っていった。旭化成は膜技術を持っており、海水から塩を取り出すイオン交換膜を日本海水など製塩会社に売り込んでいたという関係。

その日本海水とタテホ化学がエア・ウォーターという旗印の下に『海水カンパニー』の枢軸２社として位置付けられようとしている。

因縁というか、何か目に見えない所でつながっているということ。人の営み、あるいは会社の歩みはどこかでつながっていることを感じさせる日本海水とタテホ化学の縁である。

## 海水カンパニー構想の真の狙いとは何か

この『海水カンパニー』構想の狙いはどこにあるのか？　時代の変化と共に、経営を取り巻く環境も変化していく。日本海水の場合、製塩事業は必ずや国内原料依存では成り立たなくなる時が来るということである。

また、タテホ化学の電磁鋼板用のマグネシアは世界に冠たるオンリーワンであるがゆえに、ユーザーへの供給責任が伴う。原料の塩の苦汁《にがり》をどう確保するかを含め、オンリーワンの座を維持していくには、それこそ変革し続ける努力が必要である。

タテホ化学では、16年に電磁鋼板用マグネシアの工場を北九州・響灘に新設しており、この響灘の早期の戦力化をどう図っていくか、また海外生産をどう展開していくかというテーマを抱える。

こうした経営認識から、「戦略投資が必要とされるし、カンパニーという一段と視野を高めた経営感覚が求められる」という豊田の判断である。

豊田は、海水に関わる研究開発を長期的な視点で取り組むべき課題として捉える。日本海水、タテホ化学に共通するのは、結晶コントロール技術に優れているということ。この技術があるからこそ、オンリーワンという評価を受けているし、関係者も「世界に誇れる技術」と自負する。

豊田は、次世代においても、「世界の市場で圧倒的な優位に立てるマグネシアの新製品を開発することは至上命題」と語る。この至上命題を実行していくことこそが新カンパニー構想の本当の狙いという考えである。

豊田は、グループ幹部に次のように訴える。

「響灘の地に、海水研究の拠点を新設します。瀬戸内海に比べ、外洋に晒されている分、清浄士と合わせ海水純度が高い。新製品を生み出す研究にはもってこいの立地です。赤穂に次いで、第2工場として進出した真の狙いをいよいよ実らせる時が来た、そう考えています。人材を集め、総力を挙げて取り組んでください。オールエア・ウォーターの技術開発の先頭に立つ、そのくらいの気概を持って進めて欲しいと思います」

1989年（昭和62年）、タテホ化学の再建のため、社長に就任し、その経営の采配の一切を任されたとき、豊田は身に染みて感じたことがある。それは、「メーカーは技術を磨かなくて、何を磨く」という思いである。

この思いは、豊田の経営信条となって今日に至る。その信条を噛み締めての研究所開設と、海水カンパニーの構想である。

そうした豊田本人の思いも踏まえて、新しいカンパニーを立ち上げようとする経営

タテホ化学工業の響灘工場（福岡県北九州市）

戦略上の意義とは何か？

「それは、カンパニーという土台を築き上げれば、その上にどんどん新しい会社や事業を載せていくことができる」という豊田の答え。

事業創出の土台をつくることができれば、M&Aを通じてカンパニーの成長スピードも高まる。それはすでに、医療と農業・食品でこのことを学んできたことでもある。

農業・食品は現在15社がカンパニーのプラットフォーム（土台）の上で活躍。この大半が農業・食品カンパニーを設立して以降にグループ入りした会社。海水カンパニーも、スピード如何によっては、「医療や産業カンパニーを超えることも夢ではない」と豊田はその将来性に期待する。

『創業者精神を持って　空気、水、そして地球にかかわる事業の創造と発展に、英知を結集する』と経営理念に謳うエア・ウォーター。文字通り、『地球の恵みを、社会の望みに。』とするブランドステートメントの具体化を図る海水事業構想である。事業の幅を拡げる、これも重要な成長戦略である。

# 第2章　変革への挑戦

## ——顧客利益を重視した「ガストータルシステム」、「V1」を武器に

## 危機をバネに、『ガストータルシステム』を発想

ソリューション・サービス事業を育てる——。エア・ウォーターが発足した翌年（2001年）からの『中期経営計画』に、〝ソリューション〟という言葉が盛り込まれた。『単品で売る事業を、人の手を使ってサービス力を付け加えて、新しい商材にして売ろう』というのが当時社長の豊田昌洋のねらい。事業のカタチを変える、つまりビジネスモデルを時代の変化、ユーザーのニーズに対応させるという発想。このソリューション・サービスの原点は1980年代後半、産業ガス業界に突如登場したPSA（圧力変動吸着法）というガス製造法。画期的なコスト低減を伴う新技術で従来の手法に依存していた産業ガス各社は原価割れを招くと当初は反発。突然現れた危機に、豊田はそのPSAを取り込んだ『ガストータルシステム』を考えつく。その発想は、『牛を売らずしてミルクを売れ』というところにあった。

## ソリューション・サービスへの戦略転換

経営のカタチを変える――。旧大同ほくさんが住友金属工業（現日本製鉄）系の共同酸素と合併して、エア・ウォーターが誕生したのが２０００年（平成12年）４月。

２度目の合併・統合で時代の変化に対応し、成長を持続させようということだが、このときの合併効果はどうやって得られたのか？

「われわれの営業力と共同酸素が持っていた液体酸素の生産力が一緒になったんですから、これがフル稼働すれば、ものすごい売上になるし、利益も当然よくなります。機械そのものがフル稼働になるのですから、コストはいっぺんに安くなります」

それぞれの持ち味の販売力と生産力が融合し、売上高を伸ばして、生産コストを下げるという合併効果。その合併効果をしっかり見届けて、統合2年目から3年単位の中期経営計画を立てようという経営陣の考え。

その中期経営計画を立てるときのコンセプトが「『製造業』から『ソリューション・サービス業』への転換」である。

今でこそ、ソリューションという言葉が使われるようになったが、２０００年前後はまだ目新しかった。取引先やユーザーの抱える課題解決に応えていくということである。

「ソリューションというのは、単品で売る事業を、人の手を使ってサービス力を付け加えて、新しい商材にして売ろうと。商品に付加価値を付けて、人と商品とが一体となったものを売りましょうというのがソリューションですからね。全ての事業をそちらのほうへ、3年かけて変えていこうと」

会社が持っている各種の商品、技術、サービス機能を上手く組み合わせることにより、多様化する顧客のニーズを満たし、顧客にも満足して喜んでもらえる事業を推進するという『中期経営計画』（01年度〜03年度）であった。

ソリューション・サービス。これは、実は同社にとっては、目新しいものではなく、いくつもの原体験がある。

1980年代前半、経営のあり方に大きな影響を与えた『ガストータルシステム』に着手したのもその一つ。産業ガス会社は、酸素や窒素を生産する技術の進展に大きく左右される宿命を持つ。80年代前半にPSA（Pressure Swing Adsorption、圧力変動吸着法）という新しい技術が登場したとき、業界の受けた衝撃は大きかった。

当時、旧大同酸素など産業ガス会社の大口需要家は電炉メーカー。鉄の製造には大量の酸素ガスが必要。電炉メーカーは、液体酸素を産業ガスメーカーから大量に購買していた。「われわれにとって、電炉メーカーは事業の命綱と言っていいくらい、大事なお客様でした」と豊田。

ところが、それまでよりコストが安く、酸素や窒素が作れるＰＳＡ法が登場。やや専門めく話だが、ＰＳＡとは圧力の波の上下によって、吸脱着する装置。分子を振るい分ける能力を持つ吸着剤を使って、酸素や窒素を分離する。

日本では、昭和電工がいち早くＰＳＡ技術を米国ユニオンカーバイド社から導入。続けて、製鉄化学（のちの住友精化）が吸着剤活用のシステムに自らの工夫を加え、日本独自のＰＳＡを創りあげた。

液体酸素の大口ユーザーである電炉メーカーは慢性的な構造不況に苦しむ業界。コスト引き下げの一環として、液体酸素に替えて、ＰＳＡに切り替える動きが電炉業界に出始めた。

電炉メーカーには、自家用酸素発生装置を所有しているところもあった。そこへ、産業ガス会社は、旧式の酸素分離機では高純度の酸素は得られないという売り込みもしながら、安価な液体酸素購入を働きかけてきたという経緯がある。

こうした中、ＰＳＡが登場。電炉メーカー側が自力でＰＳＡを使って、再び酸素を作ろうとし始めていたのである。

技術は進歩し続ける。そして、技術の進歩は産業基盤の変革を促していく。

ともあれ、ＰＳＡの登場にショックを受けたのは産業ガス業界である。豊田が語る。

「電炉メーカーは、われわれにとっては大事なお得意さま。そこへ、ＰＳＡが登場してきたから大変です。液体酸素は99・８の純度なのですが、ＰＳＡは93％位の純度。これはプレッシャースウィングで、空気から一定の吸着剤を通って、粗製酸素が出てくる。簡単にいうと、そういうプラントです。電炉側は酸素を単に助燃剤として使うだけですから、別に高純度の酸素は要らない。純度93％位でも十分使えるし、実際、ＰＳＡでそれが賄えるという考えが強まると、いっぺんに酸素の売値が半値以下に下がってしまった」

酸素の供給サイドから見れば、大変な価格破壊である。業界に衝撃が走った。

## 「技術革新を否定するのか」と相手に反論されて……

酸素ガスメーカー6社のトップは大挙して行動に出た。日本でPSA開発の先鞭をつけた製鉄化学（当時）の担当常務の所に駆けつけ、業界の死活問題だとして、「PSAを売るのはやめてくれないか」と直談判に及んだのである。

製鉄化学は、住友化学系列の技術開発で定評のある会社。面会で対応した担当常務は、毅然と「技術革新は化学工業の命綱です。製法革新で大変化した例は少なくありません」。こう言い放ち、次のように続けた。「わたしどものPSAも株式上場以来、無配に苦しんだ末に生まれたもので生きていくための10年計画がかけられているのです。PSAに力を入れていきます」

誰も技術革新の流れは止められない。また、そうした技術の変化、時代の変化に対応できないものは生き残れない。

C・ダーウィンが『進化論』で指摘しているように、地球の生物で生き抜いてきているのは、最強のものではなくて、環境変化に対応してきたものだということ。

件の製鉄化学の常務は、「あなた方は技術の進歩を否定するのか。経営者として恥ずかしくないのか」と切り返してきた。

産業ガス関係者たちは、完全に気勢をそがれてしまった。

## ガストータルシステムを生み出す発想の原点

ＰＳＡが今後、浸透していくとして、今度は産業ガス側がどう対応していくかという課題。

結論から言うと、当時大同酸素の営業担当常務（ガス本部長兼商品本部長）として、新しい営業のビジネスモデル開発の担当を任せられていたのが豊田。そこで、豊田は〝時代の申し子〟であるＰＳＡを取り込み、新たなビジネスモデルを考え抜く。

それが『ガストータルシステム』という画期的な仕組みである。「ＰＳＡは電炉メーカーさんのプラスになる。では、われわれはそのＰＳＡを使って、ユーザーさんの役に立つ仕事ができないか？」と発想し、思案に思案を重ねて豊田は『ガストータルシステム』を生み出したのだ。

そして製鉄化学と契約し、同社ＰＳＡを『ガストータルシステム』に全面採用した。

産業ガス会社の自分たちには、ガスを作る技術、プラントを運転したり、メンテナンス（保守・点検）する技術がある。

また、機械の故障やプラント事故などでガス供給が突如ストップしたときに、即刻供給できる体制を整えているなどの諸機能を持つ。

「単に、機械やプラントを売るのではなく、われわれの持っている全機能込みで、つまりトータルのシステムで売りますよ。プラントから出てくるガスを売りますと、そのために、御社の工場内にプラントを据え付けさせてください。おたくは何の心配もなしに、ガスだけ買ったらいいんですよと。機械のメンテナンスもうちがやるし、オペレーションも全部やっていきます。フル稼働にしてコストを安く、物流費は要りませんから。極めて安いガスになりますよという説明をしていきました」

ガス業界は、〝産業の結節点〟といわれる。経済の血流を担うのが使命である。

産業は時代と共にカタチを変えていく。自分たちの存在意義をしっかり見定めながら、時代の変化に自分たちのガスビジネスがどう関わりを持つかということ。そういう根本的考察を多角的視野の下に進めて生み出したのが、『ガストータルシステム』である。

産業ガスの供給方法は変遷をたどってきた。

1本1本きめ細かく対応するシリンダー（ガスボンベ）による供給。これは今後も安定的なビジネスであることは変わらない。

国産の液体酸素、液体窒素が登場した1950年代、比較的大量に消費するユーザーに対しては、液化ガスをタンクローリーで運び、ユーザーの容器に貯蔵する『バルク』という方法が中心になった。

この『バルク方式』の難点は物流コストがかかること。そこで大型プラントによる大量生産でコストを下げようという動きが出てきた。物流費と大型化によるコスト削減を天秤《てんびん》にかけて、大型化への移行であった。

常時大量のガス供給が必要な鉄鋼、電機メーカーなどのユーザーにはこうしたプラントを工場の敷地内に設置し、効率的・安定的に供給するという『オンサイト』方式を採用してきた。

産業構造の変化に合わせて、産業ガス業界も経営のカタチを変えてきた歴史を持つ。

## ユーザーの立場に立って経営戦略を立てる！

立地条件でいえば、酸素プラントは、高度成長の始まる頃は全部沿岸部にあった。産業の勃興期はほとんど海岸沿いに大きな工業地帯ができて、そこに酸素プラントを作っていった。

「要するに、酸素の勝負は何かというと、大型プラントを作ること、それによって、製造コストを安くするというのが基本でした」

内陸部は沿岸部プラントから商品を運べばいいという考え。

「物流経費はその当時、それほど比重が重くなかった。生産コストを縮小するメリットのほうが大きくて、物流コストはまあ一定の量で運んでいれば、それ以上の合理化余地はないと、大体ガソリン代が安かったですからね」と豊田は語る。

しかし、1973年（昭和48年）、79年（昭和54年）の2度の石油危機が産業ガス事業のコスト構造を一変させる。

石油ショック前の石油価格は1バーレル当たり2ドル、それが第一次石油ショックで4倍以上に高騰。その後シェールガスの採掘実用化などでいくらか下がったものの、08年には１４５ドルにハネ上がり、19年明けでも50ドル台という水準。

今度は、「消費地に近い所に小型で効率のいいプラントを作り、工場を作るように変わってきた。とにかく物流費を安くする。生産はフル稼働にして、生産コストも安くする。この2点を生かすことでユーザーさんに信頼してもらえる」ということ。

そう考えると、ＰＳＡはまさしく時代のニーズに応えて登場してきたもので、ユーザーの電炉メーカーにもプラスになる。だとするならば、「これを使って、われわれはビジネスができないか」と豊田は考えた。自分たちの持つ技術やノウハウなどを組み合わせて、付加価値の高いサービスを顧客に提供していこうではないかという新発想。

その思考を進めていくうえで確認していったのは、まず自分たちの存在意義は何か、そして、自分たちの強さとは何かということ。

「われわれには、ガスを作る技術、プラントを運転する技術がある。しかもプラントに関しては開発、製造の技術やノウハウを持っているし、メンテナンスもできます」

現実の世界では、想定外の事が起きる。どんな機械も故障を起こし、運転が止まるときもある。そうした〝万が一〟のときに備えて、代わりの酸素、窒素もすぐ供給できるように一定量を貯蔵する仕組みを整えている――ということを丁寧に顧客に説明していった。

電炉メーカー側も、ＰＳＡ導入のために、新たな設備投資をということになると、莫大な費用がかかる。

そこで、プラント費用は全部、こちら側が持つと提案。万が一のときのガス供給、メンテナンスでの安心、安全が確保でき、費用も安価ということで、豊田は、『安心、安全、安価』の〝三安〟をキャッチフレーズにして、『ガストータルシステム』を売り込んでいったのである。

「忘れもしません、西日本製鋼に第1号を入れましてね。それからまたたく間にガストータルシステムは広がりました」

83年（昭和58年）11月。熊本県宇土市の西日本製鋼（現大阪製鐵西日本熊本工場）で酸素ＰＳＡ35トン／日＝月産82万立方メートル）、液体酸素タンク２基を備えたガストータルシステム第1号の運転が開始された。

このあと、同社は翌84年4月に東京製鐵高知工場、同年10月伊藤製鐵所石巻工場にガストータルシステムを納入、勢いがつき、電炉メーカーにこのシステムが普及していった。

## 「牛を売らずしてミルクを売れ」

「牛を売らずしてミルクを売れ」――。ガストータルシステムの特長は、単に機械や装置を売り切れば、それで終わりというのではなく、その機械類を使うことで生じるメンテナンスや保証業務などのサービスで顧客との関係がずっと続くというところにある。

電炉メーカーにすれば、もしＰＳＡの機械を自社所有で購入すれば投資負担も重い。それがガストータルシステムならば、産業ガス会社が負担して電炉メーカーの工場内に設置する。

「われわれのプラントをそこへ据えさせてくださいと。その際、供給責任をこちらが負うことで、最低10年間の契約を結びました」

ガストータルシステムが短期間に全国各地に普及していったものだから、有力ライバル会社のトップからも、「あれはどういう仕組みですか」と豊田は聞かれた。丁寧

ガストータルシステムでは顧客ニーズに応えるガス発生装置を揃えている。写真はPSA式酸素ガス発生装置（VPシステム）

に説明していったが、「今だったら、ビジネスモデルで特許料が取れますね」と豊田はユーモアを交えて語る。

ともかく、「業界に全部広がったほうがいいと思いましてね」と豊田は克明に新しいビジネスモデルを説明していった。

実は、これが結果として、日本の産業ガス業界の一大ビジネス革新へとつながったことを忘れてはなるまい。エア・ウォーターの歴史をひもとくと、節目節目で事業の仕組み、つまりビジネスモデルを変革してきていることが分かる。

「大体、造船所に行って液酸機を止めて、液酸を買いなさいと言ったときから、始まっています。業界のビジネスモデルはほとんどわが社が発祥です。それは遅れて参入し、後発だったが故に考えざるを得なかったんです」

「苦労しながら、顧客とウィン・ウィンの関係を作りあげる醍醐味。この醍醐味を味わえる。これは幸せですよ」と豊田は語る。この醍醐味は半導体製造に必要な窒素を作るV1（高純度窒素ガス発生装置）の開発でも味わうことになる。

# 半導体製造を支える「V1」、BCPにも貢献の「VSU」戦略

新しい『事業の仕組み』を考えに考えて、創り上げる。そうやって、成功したときの「醍醐味を味わえるのは本当に幸せ」と豊田。画期的な新技術の登場で従来の仕組みが打撃を受けたとき、取引先とのウィン・ウィンにつながる仕組みの〝ガストータルシステム〟を考案したのもそうだった。1970年代、半導体産業が勃興したとき、その製造に不可欠な液体窒素をどう作り出すかという局面で、独自の高純度窒素ガス発生装置『V1』を開発。この『V1』は『ガストータルシステム』の組み合わせで真価を発揮し、同社発展の原動力の一つになる。造船、鉄鋼業が臨海部に立地したのとは対照的に、半導体産業は内陸部に立地し、臨空工業団地づくりの先兵となった。その内陸部に産業ガスを供給するのは自分たちの使命だとして、VSU（高効率小型液化酸素・窒素製造装置）戦略も立案。新しい発想の原点は、顧客との共存共栄にある。

## 顧客とウィン・ウィンの『ガストータルシステム』

コロンブスの卵――。アメリカ大陸を発見したコロンブスだが、大陸発見は誰にも出来るといわれた。それなら卵を立ててみろというコロンブスの〝難問〟に衆人はだれも立てられなかった。そこでコロンブスが卵の尻を少し割って、卵を立てて見せたところ、衆人も納得したという逸話。

後になって、誰もが分かり切った事として受け入れるのだが、最初に解を出した者の発想がすばらしいということである。

『ガストータルシステム』も、今は産業ガス各社が何の疑いもなく、手掛けているやり方だが、実は最初に一つの仕組みとして考え出すまでが大変であった。

「サービス、メンテナンス、それからガス供給の安定そしてコスト安という要因を全部勘案して、考えに考え抜いた」と考案者の豊田。

顧客（ユーザー）がプラント類を自社所有で購入すれば、多額の費用がかかる。それをこちら側が負担して、なおかつ、従来より低価格で酸素ガスの供給が受けられるという『ガストータルシステム』の仕組みを提案すると、顧客も大歓迎。そして、産業ガスメーカーは商権を産み出し守るということで、双方がウィン・ウィンの関係をつくるというところに、同システムの特長がある。

酸素ガスの販売で、この方式は短期間に全国の電炉メーカーの工場で採用されて、普及していったことはすでに触れた。

同じ頃、窒素ガスでも、新しい仕組みづくりが功を奏し始める。窒素ガスは、半導体製造に不可欠なもの。１９７０年代には情報革命が始まり、コンピュータ産業が隆盛をきわめ、半導体への需要もウナギ昇りに増加。しかし、もう一つ課題があった。産業ガス業界は顧客にガスを届けるのだが、それを搬送する物流経費をどう縮減するかに頭を悩ませてきた。

１９７０年代から80年代にかけて、日本の半導体産業は勃興期を迎える。ニーズに応えるため、この頃、エア・ウォーターの前身・旧大同酸素は画期的な小型の高純度窒素ガス発生装置『Ｖ１』を開発、産業界の注目を浴びる。

## 画期的な窒素発生器のV1開発で注目浴びる

「これは、当社の技術者が開発した窒素の発生器です。タービンを使わない発生器というのがミソ。ふつうはタービンを高速回転させて、空気を圧縮膨張させて窒素を取る。しかし、故障ばかりで危なくて人手がかかっていた。その方法ではなくて、液体窒素を少量、最初の起爆剤で使って、窒素を取り出す。実に画期的な方法を開発してくれました」

83年、当時の化工機設計一課長であった吉野明（当時43歳）。その吉野が液体窒素の寒冷を利用して窒素ガスを製造する、膨張タービン不要の製法を思いついた。

膨張タービンの運転には熟練の技術者が必要。タービンの効率を上げるには、高速運転が求められる。装置の軸の危険回転領域を数回超えての高速運転に入るため、運転には経験と熟練が求められていた。

エンジニアたちは、このタービンの度々の故障を恐れていた。

こうした中での『V1』の開発。社内の士気も上がった。

タービンなしで窒素ガスをつくれる『V1』の登場は営業現場を大いに鼓舞した。

コストダウンが図れ、小型化が売りで内陸部でもどこでも機動的に設置できるというメリットがあった。
「タービンでつくるやり方では、高圧ガス保安法で運転する際は人間を付けないといけない。人件費がかかる。1日4直となると、最低8人は要る。1時間当たり500立方《メートル》の生産だと月35万立方《メートル》ぐらいしか窒素ガスはできないし採算も合わなくなる」

生産性の点で、V1は大変な優れ者になると豊田は強調。

ユーザーからは早速、反応があった。宮崎沖電気からの注文で、その第1号実用機を納入。84年（昭和59年）8月のことであった。

こう書くと、V1の実用化は順風満帆にやって来れたと思われがちだが、実用化までには乗り越えるべき技術的課題はいくつかあった。

半導体向けミニオンサイト装置として使用するからには、まず安全性が絶対不可欠。そのために、タービンなしで、液体窒素の注入方式を採用して開発してきたわけだが、注入する液体窒素量は製品ガス窒素量の10％以内に抑えないと経済的に合わない——というハードルがあった。これを、同社技術陣は5％以下にまで下げてきた。

また、空気中に微量に含まれるアセチレンは爆発範囲の広いガス。それがしばしば装置内に滞留して事故の原因となっていた。こうした課題を一つひとつ、同社技術陣は克服していった。

同社は前述の宮崎沖電気に対して、『ガストータルシステム』によるＶ１供給を提案。先方の技術担当専務は、「ノンタービンの窒素供給方式なんて一度も聞いたことがない」と興味を示し、しばらくして、「音がなく、安全でしかも人が要らない」装置を自らの目で確かめて購入を決めたのである。

この宮崎沖電気のＶ１採用（84年）以後、同年には日本モトローラ会津、松下電子工業新井、翌85年には川崎製鉄阪神（精密熱処理）、シャープ天理、東レ滋賀といったように半導体メーカーを中心に精密熱処理、電子部品、化学メーカーへの納入実績を次々とあげていった。

## ライバルとの激しい競争下で掴んだこと

技術的にこちらが優位に立ったとしても、受注がスムーズに行くとは限らないのが現実世界。

ことに、同業のライバルが以前から喰い込んでいる所との交渉では、いったん口約束をしてもらったものの、後でひっくり返されるケースもあって悔しい思いもさせられた。

豊田は足しげく、V1売り込みのため、半導体や電子部品各社を回り、『安心、安全、安価』の〝三安〟を説いて回った。

某日、大手電子部品の九州工場を訪ね、工場長と意気投合。口約束で〝受注〟していた。

1週間後、本社の資材部長から電話がかかってきた。「ぜひ、お伺いしたい」ということで、関係者3人を連れてきて、「申し訳ないが、あの話はなかったことにしてくれませんか」という断りの話だった。

こちらとしては、抵抗しても仕方がないということで、「結構です」と答えたあと、「次のときは、別の工場でお願いします」と談判。その結果、数年後にその別工場でV1を受注することができたのである。

産業ガス業界はいったん取引が始まると、その縁がずっと続き、そこに入り込む余地が少ないと言われてきた。そういう慣行やビジネス特性がある中、相手のプラスになるソリューションを提案すると、新しい取引を開始することができた。

ガストータルシステム、V1は『安心、安全、安価』ということで必ず顧客（ユーザー）のお役に立てるという確信があったからこそ、豊田本人はもちろん、営業部隊が前向きに仕事に取り組んでいけたということであろう。

九州の電子部品工場で受注を逃したときの教訓は、どういう形で残っているのか。

「ええ、その場で決めると言われても、往々にして、後で『申し訳ないが……』と言われることが多い。ですから、話し合うときに、『決める』と言われたときに、一札取っておかないといけない。それで契約書をつくって、絶対サインしてくれと。すると、先方が『そこまで権限ないから』とおっしゃる。そうおっしゃらずにわたしもサインしますからと言って、オーケーしていただく。わたしがサインしますって、どういう意味があるか。いわば、言葉の綾、話題の流れです」

話がまとまり、双方が合意して仮契約書をつくり、サインをする。このことで、相手の〝翻意〟が後で起きにくくするという一つの歯止めである。

もちろん、商談が成立した後、相手の立場に立って、プラスになるように『安心、安全、安価』を徹底追求していくということに変わりはない。

## 新しい「事業の仕組み」を創り続ける！

新しい『事業の仕組み』を創り続ける——。エア・ウォーターの前身、旧大同酸素は旧日本酸素（現大陽日酸）、旧帝国酸素（現日本エア・リキード）に比べて後発。それだけに、自分たちが生き抜く道を確保するには、他とは一味違う『事業の仕組み』を考え続けなくてはならない宿命を歴史的に背負っていた。

産業ガス業界は物流費の負担が重く、これをいかに軽減するかに苦闘してきた。産業界が生産活動をする上でガスは不可欠。ただ、酸素の大口顧客は鉄鋼、窒素の顧客の化学など主要な需要産業の動向だけは見定めていかなければならない。

その中で、産業活動に不可欠で、1本1本きめ細かく対応するシリンダー（ガスボンベ）による供給も安定的なビジネスとして推移。

ガスビジネスの歴史は供給方法変遷の歴史。液体酸素、液体窒素ができた1950年代、比較的大量に使用する顧客に対して、液化ガスをタンクローリーで運んで顧客の容器に貯蔵する『バルク』という方式が中心になった。

しかし、この方式は物流コストがかかるのが課題。そこで、大型プラントによる大量生産でコストダウンを図る動きが登場。「物流費と大型化によるコスト削減を天秤にかけて、大型化を取った」と豊田は語る。

そして技術の進歩。少量のガスでも機械から直接供給できる『ＰＳＡ』（圧力変動吸着法）が開発された。さらにエア・ウォーター独自の高純度窒素ガス発生装置『Ｖ1』によって、プラントの小型化も進んだ。

常時大量のガス供給が必要な顧客にはこうしたプラントを工場の敷地内に設置し、効率的・安定的に供給するという『オンサイト』方式も登場。

ここ20年ほどは物流費の方が生産コストよりも重くなってきた。そうするとバルクはできるだけ近距離輸送にする必要が出てくる。一方、プラントを小型化すると生産コストはアップするが、物流費が安くなるということで、小型のプラントを内陸に置くようになってきた。

物流費高騰にどう対応するかという課題だが、技術の進歩で小型プラントでも原価低減が大幅に進められるようになった。

そこでエア・ウォーターは内陸部に小型製造装置を据える『ＶＳＵ』（高効率小型液化酸素・窒素製造装置）戦略を採用。かつては時間当たり5万〜10万立方メートルのプラ

会社の成長を支えたV1（高純度窒素ガス発生装置）。膨張タービンを使わずに、液体窒素の寒冷を利用して原料空気から窒素ガスを製造する

ントが大宗だったが、今は2000立方《メートル》の小型プラントで大型プラントに負けない原単位を達成、十分採算が取れるほどになり、物流費も軽減。

このVSU戦略はどう社会に貢献するのか？

「例えば病院です。VSUが近くにあれば、大規模災害時にも医療用酸素を運ぶことができ、安心・安全が確保できます」

豊田は想定外の事態が発生した際、VSU戦略は真価を発揮すると強調、次のように語る。

「東日本大震災のとき、当社の福島県のVSUが停止したのですが、新潟県や長野県などから酸素を運び込むことで対応ができました。これはＶＳＵを持っていたからです」。この経験こそがＢＣＰ（事業継続計画）という有意性をＶＳＵのもう一つの武器に仕立てあげるきっかけとなる。これについては後述する。

18年10月現在、全国で稼働するＶＳＵは16基。毎年１～２基増やし、８つの地域事業会社で、「１社当たり３基は稼働している状態にしていきたい」と豊田は語る。

新しい『事業の仕組みづくり』で経営のカタチは変わり、どんどん進化していく。

# 第3章

# 人生の選択

## ――人と人との出会いの中で

## 人生の選択——。
## 60余年前、法曹への夢を捨てて、産業ガス業界を選択

大同酸素がほくさん（旧北海酸素）と合併して大同ほくさんに、その大同ほくさんが共同酸素と合併してエア・ウォーターが2000年に誕生——。1957年（昭和32年）に大学を卒業、社会に出て60年余。この間に2つの合併を体験、売上高は約12億円から8000億円へと700倍に拡大。京大法学部に在籍中は法曹をめざし、司法試験に挑戦するも失敗。8人兄弟という家庭環境も考え、企業への就職を選択するが、当時は大変な就職難の時代。事務系2人、技術系12人の採用枠に応募者は約500人が押し掛ける中、無事合格。豊田は営業畑を歩き、次の成長を図るための仕組みづくりを担う立場になっていく。「会社の成長は自分の糧になる。自分の糧になって、また会社を成長させる努力の元になる」と会社と自分の関係を語る。この成長体験も60余年前、旧大同酸素を働く場所として選択したからこそ得られたもの。人生の節目での選択とは。

## 創業地の一つ、大阪・津守の『空気と水の記念室』

エア・ウォーターの歴史と創業者精神に触れることのできる場所が大阪市西成区北津守にある『空気と水の記念室』。

大阪湾にそそぐ木津川沿いの津守は創業の地の一つ。旧大同酸素の本社工場がかつてあった所。

エア・ウォーターの歴史は、新しい時代を生き抜く、もっといえば切りひらくための挑戦の連続。1993年（平成5年）のほくさん（旧北海酸素）と合併して大同ほくさんとなり、そして2000年（平成12年）共同酸素と合併して、エア・ウォーターが発足。

社名からもうかがえるように、同社の経営理念は、『創業者精神を持って　空気、水、そして地球にかかわる事業の創造と発展に、英知を結集する』である。

『空気と水の記念室』は、単にエア・ウォーターの社歴や技術史を紹介するだけの施設ではなく、先人たちの〝時代を読む眼〟、〝挑戦する勇気〟、〝あきらめない心〟に触れてもらおうという趣旨で、2009年につくられた。

とうとうと流れ、大河の趣きがある木津川一帯はかつて大正末期から昭和初期にかけて、大阪の近代産業化の先駆けとなった地域。造船所や中山製鋼所などの製鉄所や電炉メーカー、鋼材問屋などが集積し、生産・物流拠点となっていった。

大阪は機械関連や紡績・合繊などを中心に近代産業が勃興し、『大大《だい》阪』と呼ばれるほどの隆盛を招いた。

旧大同酸素がこの津守の地に設立されたのは1933年（昭和8年）のこと。

当時、鉄材の溶接や切断に使われる酸素やアセチレンは軍需産業に優先的に回され、中小企業の入手が難しい時代であった。

そこで酸素を使う者が「大同団結して」、産業ガスをつくろうと大同酸素が設立されたという経緯。

また、旧北海酸素（66年に社名をほくさんに変更）は29年（昭和4年）に設立。当時、医療用の酸素供給体制が未整備で、「人命を救うため、また北海道の産業発展のため」という壮大な構想の下に誕生。

そして、共同酸素は62年（昭和37年）、高度経済成長の真っ只中に設立。当時の住友金属工業（現日本製鉄）が和歌山製鉄所内に設立し、転炉製鋼への酸素供給を開始したという歴史を持つ。

こうした歴史を持つエア・ウォーターは、事業の精神を伝える創業の地の一つ、大阪・津守に『空気と水の記念室』を開設したのである。

現在、ここは社員の研修施設として活用されている。緑いっぱいの植え込みやモニュメントが美しくアレンジされ、室内には、旧ほくさんが開発したソーラーカーが置かれ、戸外には旧大同酸素が開発した『Ｖ１』（高純度窒素ガス発生装置）も設置。先人・先輩たちのチャレンジング・スピリッツを感じ取れる場所である。

中庭には、会長・豊田昌洋が書いた『未来への伝言』が刻まれた石のモニュメントが置かれている。

ちょうど本をめくるような洒落たデザインのモニュメント。その中には、次のような伝言が刻されている。

『勤勉と努力は事を遂げる肥料である。
誠実と仁徳は実りを生む耕地となろう。
勇気と挑戦は開拓者を成長させる』

この後、『成就に満足することもない』として、『泥《いわ》んや驕《おご》るとすれば罪悪である』と〝空気と水を事業の種子とした者の宿命〟として戒める言葉が並ぶ。

そして、最後に『気力を漲《みなぎ》らせ、未来に向かって高々と昇華せよ』（2017年7月　豊田昌洋）とある。

筆者はこのモニュメントを観た後、改めて、会長・豊田に碑文を書いたときの心境を訊ねてみた。

「もう、わたしの心情としては、自分たちの仕事に真面目に取り組むことしかないんだと。真面目に取り組んで、着実に前に進んでいければいいと」

豊田はこう切り出しながら、次のように続ける。

「とにかく前に進む。どんなことがあっても前に進む。もうそれしかありません。会社はそんなに大きく、急に華やかに伸びるということがなくてもいいんです。着実に伸びていって、10年経ったら大きくなったな、強くなったなとみんなで振り返ることができればいいと」

豊田が旧大同酸素に入社したときの売上高は約12億円。それが今は8000億円の規模に成長、発展した。60年間で７００倍の伸びである。

会社の成長は自らにどう影響してくるのか？

「会社の成長は自分の糧になる。自分の糧になって、また会社を成長させる努力の元にもなるわけですからね。今から振り返ると、入社してから60年間、楽しかったですね。一言で言いますと」

会社と自分の関係をこう振り返る豊田である。

## 親がいて、自分が育ち先輩との関係の中で

この大阪・津守は豊田にとっても思い出深い所。大学4年の秋、就職を決める際に父・實《みのる》と一緒に見に来た場所だ。正直に言うと、豊田が就職先を探していた頃の津守界隈は中小企業やその倉庫が並び、街としては少し寂しい風情。

周囲には、かつて一大工場群があったのだが、時代が下ると共に製鋼所や電炉メーカーも南の堺や泉南地区に引っ越したりしていた。

津守へ行くのには、南海電鉄・汐見線の津守駅を利用すれば徒歩5分ということだ

が、大阪市内の中心部からだと大抵はバス利用。

「北津守という所で降りて、そこからてくてくと歩いていくんです。かなり歩くんですよ。町家や住宅の間を縫ってね」

約60年前、京大4年生の豊田は父・實と2人で当時、本社工場のあった旧大同酸素へ向かって歩いていったが、なかなか会社らしい建物が見つからなかった。

川沿いに来て、周囲の風景も少し寂しいものになる。父と2人でとぼとぼ歩く。

「行けども行けども、会社らしきものがないじゃないかと（笑）。地図と首っ引きで探していて、場所からすると、ここだなと。それで、『お父さん、わし、やめるわ』とその場で思わず言ってしまったんです」

父・實は、「待て待て」と豊田をなだめた。33年（昭和8年）に津守の地は本社工場としてスタートしたが、56年（昭和31年）6月、大阪市の中心部、西区北堀江通1丁目9番地の大阪中央ビルディングに本社を移し、津守は気体酸素の製造とシリンダーへの充填工場となっていたからである。

「本社事務所は北堀江に変わっている。それを見て、ちゃんとしていたら、勤めろよと父に言われましてね。北堀江に行くと、立派な4階建てのビルで堂々とした感じでした。すぐ、親父に、２００メートル横の御堂筋の大丸大阪店（現心斎橋店）に連れていかれた。そこで背広をすぐに親父は買ってくれましてね」と豊田はそのときの様子を語る。

新調のスーツを身に付けたのは初めてという豊田、「親父は、わたしがもう身動きできないようにしたんだと思います」と述懐する。

津守は、豊田にとっても思い出の地である。

## 就職難の中で大同酸素に合格

豊田は京都大学法学部に在学中、司法試験を受けた。

「司法官になろうと思っていたんです。そのくせ勉強しなかったものですから、すべってしまいましてね」

豊田は三重県出身。８人きょうだい（男５人、女３人）の次男坊。１つ違いの兄・脩《あつし》は三重大学教育学部を卒業して同県内で教員生活を始めたばかり。３歳下の３男富彦も京大経済学部に進学したばかり。４男裕之は小学生、５男喜久夫（前エア・ウォーター副会長）も小学生。

父・實は隣県の旧滋賀師範（現滋賀大学教育学部）を卒業して、滋賀県内で教員となり、小学校の校長を務めた後、郷里の三重県に帰り、教員生活を送った。そして、中学校の校長を務めた後、亀山市の市議となり、地域社会の課題に取り組んでいた。

豊田にとって、父・實は子どもの教育に熱心で家族のために、日夜仕事に励むという姿が今でも瞼の裏に焼き付いている。

夕方、豊田が学校から帰ってくると、「昌洋、行くぞ」と畑に誘われる。一緒に鍬や鋤、鎌を持って野良仕事に精を出し、野菜づくりに励んだ。生きるということに懸命な日々であった。

三重県立亀山高等学校に進学。京都大学法学部を志望し、1年浪人して合格。当時、三重県内で3人の合格という狭き門であった。

京大時代は三重県の奨学金などを受給し、アルバイトもせず、勉学に専念した。子供8人を抱えて父・實が苦労してきたのは子供心にも分かってきたつもりだ。

もう一度、司法試験を受験しようというのもわがままというもので、家にそんな余裕はなかった。

早く就職しなければという気持ちも強く、八幡製鐵（現日本製鉄）の入社試験も受けた。

まずは、筆記試験。会場の大阪・中之島公会堂での受験者は約１２００人。就職難を反映して、大勢の学生が殺到していた。試験の結果、幸い、40人の選抜の中に入った。

次は、東京駅近くの八幡製鐵本社での面接試験。意気込んで行ったものの、いつまで待っても順番が来ないと、辛抱強く待っていると、ようやく12時前になって面接の順番がきた。

事前に調査書が回っており、それには、希望する部署は？という欄があり、「労務」と記入していた。

当時、世相も荒れ、京都大学は学生運動も激しかった。

「京大は左翼の集まりと見られていましたからね。労務畑と記入したのはまずかったかな（笑）」という豊田である。

実際、大同酸素に入社する際も、社長の藤井満彦が京大出身の総務課長に「豊田は京大ということだが大丈夫か」とあれこれ身辺を調査させたことを後で知らされた。

もちろん、豊田は問題になるような事はやってきていなかったのだが、そういう時代であった。

話を元に戻すと、このときの八幡製鐵受験生の1人に、千速晃もいた。千速は東京大学出身で、のちに八幡製鐵と富士製鐵が合併して出来た新日本製鐵（現日本製鉄）の社長になった人物。

結果的に、八幡製鐵は落ちた。もし入っていれば、大同酸素の人生もなかったし、今のエア・ウォーターも形の違った企業形態になっていたかもしれない。いろいろな人生の綾というか、人生の妙を感じさせるヒトコマである。

## 「タダ酒は飲むな」京大・瀧川幸辰総長の訓示

人生の瞬間、瞬間での決断。これが後々に響いてくる。「ええ、運命の綾と言いますかね。だからそのときどきを真剣にやらないといけない」と豊田も語る。

実は、大同酸素の受験の話に戻ると、まさにその人生の綾というものが感じられる局面があった。

豊田本人は八幡製鐵受験で失敗し、再度司法試験を受けようと下宿にいた。そこへ、ふと父・實が顔を出し、「京大の事務所の掲示板を見たら、募集が１つあった。大同酸素という会社だ。そこを受けに行け」と言う。

「受けるには成績証明書をもらわなければいけないし、履歴書も必要で時間的に、もう間に合わない」と豊田が言うと、「もう大学で内申書も含めて、もらってきた」という父の返事。

急きょ、大学の事務室へ駆けつけ、推薦書を申請したら、「すでに9人推薦したから駄目」と断られた。そこを豊田は「９人も10人も一緒ですよ、是非お願いしたい」と強気に談判し、推薦書を取り付けた。

友人の中には、諦めた者もいたというから、最後まで粘った豊田の〝勝ち〟である。ともあれ、大同酸素の採用枠は事務系2人、技術系12人という数字。この採用枠に約５００人の受験者が殺到しており、相当な就職難であった。

父の我が子に対する愛情、そして最後まで諦めずに挑戦し続ける本人の努力が相俟っての入社試験の合格。まさに、今振り返ると、豊田の言う「人生の綾」というか、「人生の縁」を感じさせるエピソードである。

豊田が京大を卒業するときの総長は瀧川幸辰《ゆきとき》。戦前の1930年代、瀧川は京都帝国大学の法学部教授時代に、その思想が余りにもリベラル過ぎるとして保守派から批判を受けた。時の文相・鳩山一郎は「著書が左翼的」として罷免を要求、休職処分とした。これに教授団や学生から反発が起き、瀧川事件と呼ばれた。瀧川の辞任に同調して、末川博（のちに立命館大学総長）など有力な教授陣数人も文部省に抗議する形で京大教授を辞任するという騒動にまで発展した。その瀧川は戦後、京大に戻り、法学部長、総長を務めた。

その瀧川総長が57年春、卒業生を前に出した訓示を豊田は今も忘れないでいる。「社会に出たら、タダ酒は飲むな」という瀧川総長の言葉。高名な法学者だから、その前後に総長らしい話があったわけだが、60年余経った今も、豊田にはその『タダ酒は……』というフレーズが頭の中に残っているという。

当時、このフレーズは新聞紙上でも書かれて社会的に、話題になった。

## 邂逅と離別が綾なす人生の中で…

豊田が入社して約60年の歳月が経った。いろいろな人との出会い、企業と企業の関係や縁があって、今日のエア・ウォーターがある。創業の地の一つである大阪・津守の地に立つ『空気と水の記念室』はそうした人と人の出会いや企業と企業の縁を感じさせる場所。

同社の歴史は、新しいことへのチャレンジの歴史。この記念室は、そうした歴史を踏まえ、「これまでの経験や常識の殻を破って、新しい、そしてユニークなビジネスモデルを創っていこう」というメッセージが随処に散りばめられている。

前名誉会長・青木弘は、『絆環《きずなのわ》』というメッセージの中で、「ウォーターフロントのこの地で、今じっと五感を研ぎ澄ませば、全くエア・ウォーターの事業の理念となる創業者精神は、過去と未来の永遠の絆から生誕したと気付くに違いない」として、「空気と水を制御し、社会の発展に貢献する者は気高い誇りと無限の価値に満ちている」と記している。

そして、冒頭、豊田の『未来への伝言』を紹介したが、この中で豊田は『勤勉と努

大阪府・北津守の「空気と水の記念室」外観

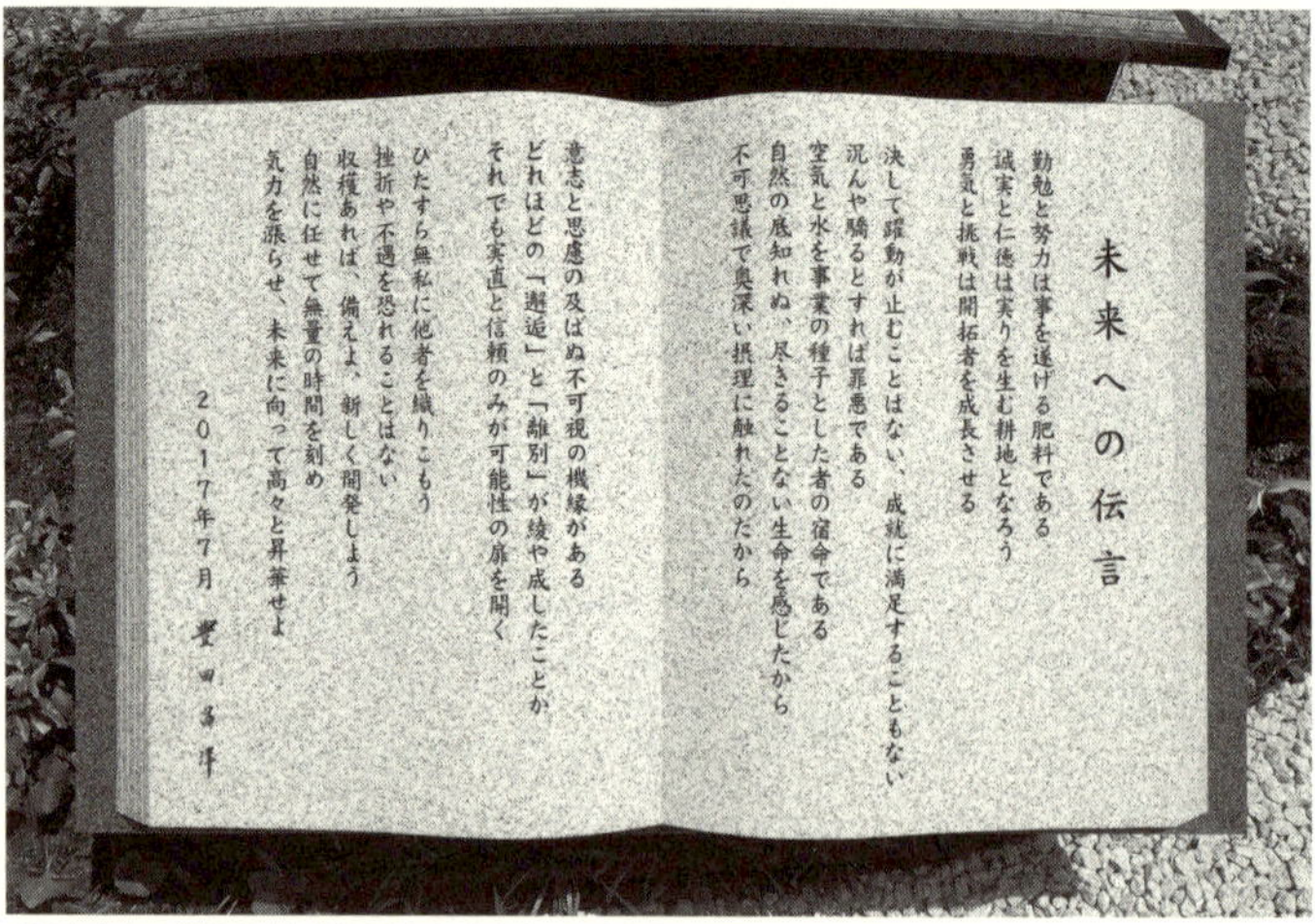


「空気と水の記念室」に設置された「未来への伝言」

力は事を遂げる肥料である』と刻んだフレーズの後に、『意志と思慮の及ばぬ不可視の機縁がある。どれほどの「邂逅」と「離別」が綾やなしたことか。それでも実直と信頼のみが可能性の扉を開く』と記す。

人生の出会いの中で、相手から啓発を受け、自ら思索、反芻《はんすう》しながら人は生きていく。豊田の場合も、幼少期の両親や兄弟姉妹との関係、また、京都での大学生活がその営みの基礎になっている。

そして、社会に出て、エア・ウォーターを創って今日までの60余年間、上司―部下として、また社長とその補佐役・参謀という関係で、時に同志として会社を成長させてきた青木弘（前名誉会長）という存在があった。

## エア・ウォーターをつくった人、青木弘との出会い

人と人が出会う、そこで話が交わされ、事業の方向性が決まっていく――。ほくさんとの合併、そして共同酸素との合併でエア・ウォーター設立をリードしてきた故青木弘（前名誉会長）との出会いは、豊田が入社直後に配属された総務から営業畑に異動になったときに始まる。経営の仕組みづくりに際し、長らく豊田はナンバーツーとして、トップの青木を補佐。当時、日本酸素（現大陽日酸）が断トツ首位で1強5弱と評された産業ガス業界にあって、2人は2度の合併を成し遂げ、業界再編の機運をつくった。グループ会社が250社に拡大した今、豊田は自らの体験を踏まえ、「ナンバーツーをつくれ」と人づくりの要諦を語る。

## 業界再編の口火を切る

時は1992年（平成4年）6月末、大同酸素（当時）の株主総会が終了した後、豊田昌洋は管理担当専務の伊藤孝史と2人、社長・青木弘に呼ばれた。

青木の所に顔を出すと、「今度、ある会社と合併しようと思う。どこか分かるか？」という第一声。

豊田と伊藤は同期入社（57年）で、2人とも青木の右腕と評されていた。その2人に、合併構想を持っていることを、青木が告げた瞬間である。

豊田は振り出しの総務畑を6年間経験した後、営業畑を志望し、営業の総師であった青木とは上司―部下の関係でやってきた。

そして、この頃豊田は、タテホ化学工業の再建のため、同社社長として経営立て直しに奔走しているとき。

タテホ化学は、先述のように、バブル期の87年（昭和62年）債券先物取引で失敗して大損失（286億円）を出した。これが債券暴落の引き金となり、市場を震撼させたタテホ・ショックである。

88年大同酸素がタテホ化学を買収し、その再建社長に、青木は信頼していた豊田を送り込んでいた。豊田はタテホ化学社長と共に大同酸素の非常勤取締役を兼任。再建に懸命に取り組んでいたときだから、青木が合併で動いているのは知らなかった豊田。

「相手はどこだと思う?」と聞かれ、豊田は一瞬、戸惑った。

「どこだろうなと思って、片っ端から大手6社の名前を言ったんです」

当時、大手6社と言えば、日本酸素を筆頭に、テイサン、大同酸素、大阪酸素、大陽酸素、そして東洋酸素という順。大同を除いて、次々に大手の名前を、豊田は挙げていったのだが、青木は「全部違う」とニタニタ笑っている。

そして、おもむろに、「実はほくさん(旧北海酸素)だ」と告げたのである。

当時、日本酸素の勢力は圧倒的で1強5弱といわれてきた。そうした逼塞《ひっそく》した状況を打ち破ろうと青木は考え、行動に出たのである。

青木は84年(昭和59年)、55歳で大同酸素の社長になり、85歳でエア・ウォーターの会長を退任。31年間トップの座にある中で、タテホ化学買収と2度の合併でM&A(合併・買収)戦略をリード。

青木は若い頃から、営業畑で辣腕を振るい、市場開拓に東奔西走。豊田は、青木との上司―部下の関係でやってきており、その気質を十二分に知り尽くしてきていた。

その青木から、「ほくさんだ」と言われて、豊田は戸惑いを覚えた。ほくさん（旧北海酸素）は、地盤の北海道で圧倒的なシェアを誇るが、どちらかといえば、業界首位の日本酸素系と見られてきた。

「意外でしたね。というのは、ほくさんは日本酸素の実質子会社とわれわれは思っていましたから。ほくさんの首脳陣はいつでも日本酸素の専務や常務に挨拶に行っていたし、機械とかプロパン事業をはじめ、全部日本酸素主導でやっていましたしね。『よく、そんなことをしましたね』と」

豊田にとっても、びっくりさせられる合併構想劇であった。

実は、豊田は88年、タテホ化学社長に56歳で派遣されるとき、「これが最後の奉公」と考え、その再建に打ち込んでいた。

そして、92年の大同酸素の株主総会が開催される1カ月前、妻の京子と一緒に、「自分も60歳になるから、女房も北海道に行ったことがないというので、北海道旅行に出かけてきたばかりでした」と当時を振り返る。

会社に入ってから、仕事仕事でやってきて、妻には何かと面倒をかけてきたという思いもあった。大阪から日本海を通って北海道まで行く寝台列車に乗り、フランス料理などを楽しみながらの列車の旅である。

北海道に入って、札幌市内のほくさん本社ビルも見に行った。「立派な8階建てのビルでした。『もう北海道にも来ることはなかろう、見納めだからよく見ておきなさい』って、女房に言いましたら、そのセリフを女房がいつまでも覚えていて言うんですよ」

そうした道内旅行に行ってきた後でもあり、青木から、ほくさんとの合併構想を告げられたときは、「本当にびっくりさせられた」という豊田であった。

## 突如、ほくさんとの合併を打ち明けられて……

大同酸素とほくさん（旧北海酸素）との合併——。大同酸素が持つ本州での営業力やV1（高純度窒素ガス発生装置）などの技術力、そしてほくさんの北海道での寡占力を併せていけば合併効果が得られるという双方の読み。

何より、青木には、産業ガス業界の閉鎖的状況を打ち破りたいという思いがあった。また、ほくさん側も、それまで北海道で80%という高いシェアを誇っていたものの、80年代の半導体産業の隆盛で、産業ガス関連の技術革新が北海道にも押し寄せ、何らかの対応を迫られていた。

ガス供給技術は世界最高水準が求められるなどの環境変化を迎えていたのである。双方のトップが何度か会合を重ねて、合併することを大筋で合意。そして両社の社長も入る合併委員会、基本政策委員会が設置され、合併に向けた膨大な作業が92年9月から始まった。

青木から合併構想を6月末に聞かされ、合併のための作業は順調に行っているのだろうとタテホ化学の仕事に専念していると、9月中旬の真夜中に電話がかかってきた。

「合併委員会の委員になってくれ」という青木からの電話だ。

「わたしはタテホの社長で、大同酸素は非常勤取締役の立場ですよ」と豊田が言うと、

「とにかく大同酸素の代表の1人として出てくれ」と青木も切羽詰まった様子。

こうした経緯を踏まえ、合併委員会は大同酸素側から社長の青木弘、専務の伊藤孝史に加えてタテホ化学社長を兼ねていた取締役の豊田昌洋の3人、ほくさん側から社

長の水島茂と副社長の大瀧巌、青野恵路の3人で構成。

この合併委員会を中軸にして、両社スタッフからなる基本政策委員会、さらに事務局会議、11部門専門会議などが設置された。

話し合いの結果、ほくさんを存続会社にし、新会社の意思決定機関として、青木、水島以外の代表権を持つ副社長が加わる最高経営委員会を設置することが決まった。また、新会社の会長には青木、社長には水島が就くことも内定した。

会長は今で言うCEO（最高経営責任者）、社長はCOO（最高業務執行責任者）ということも、関係者の間で意見が交わされた。

二頭政治になることだけは避けなければという合意は合併当初あった。タスキがけ人事になれば合併効果は生まれないということは産業界のこれまでの合併劇が示してきた通りである。

経営理念、定款、営業、人事、総務、研究開発、物流などの組織のあり方、さらには収益見通し、ロゴの設定と協議して決めなければならない項目は多かった。

## 合併で学んだこと

合併を決めても、いざ物事を決める段になると、どうしても利害、思惑も絡み、話が難航しがち。豊田を合併委員会に引き込むのは、早く物事を決めたいという青木の考えがあったからだ。

それまで、豊田はタテホ化学社長に専念。大同酸素では非常勤取締役という立場。それで合併委員会が設立された当初、その委員にはなっていなかった。

それで、青木から出てきた言葉が、「豊田君、帰ってきてくれ」であった。

タテホ化学の社長として、まだやるべき仕事があると思っていた豊田に、「誰か後任を探し出して、至急帰ってきてくれ」という青木の催促。

「いろいろあって、物事が何も決まらない。頭のいい人たちが集まると、議論ばっかりでね。本質的な話をしましょうと、てきぱき決めていかないと。そうやって順調に決めていきました。多少のわだかまりが残った局面はありましたが、とにかく決めていった」

豊田が語る通り、合併委員会の作業も順調に進み、懸念されていた諸課題も全部片付いた。

こうして、大同ほくさんは93年4月1日に発足。豊田は副社長として、産業関連、医療関連、環境機材関連と大阪本社担当となる。合併当初は札幌本社、東京本社、大阪本社の〝三本社制〟だったが、間もなく、大阪本社に一本化していった。

合併後、一部不協和音も出たが、対等合併でスタートし、「新しい社風と企業文化を育てるんだ」という関係者の熱意と忍耐で壁を乗り越えていった。

意見が対立したときには、どう対応したのか?

「まず、じっくり相手の話を聞きます。そして、大事なのは、形にとらわれるのではなく、何が本質かを一緒に考えていく」

豊田は、本質を追い求めることこそが大事と強調。

「合併のときには、組織を一本化することが大事です。両社の顔を立てて、同じ機能の部を2つ作るなどという会社もありますが、得策ではありません。われわれは指揮命令系統を常に一本化してきました」

豊田が続ける。

「両社のいい部分を新会社で採り入れようとは一切考えませんでした。新しい風土をつくる。合併の成功はそこからです。そして組織を一本化するガバナンス、リーダーシップの確立が重要です」

往々にして、日本企業は両社のいい部分を採り入れようとしがち。「ええ、そこで混乱してしまう。やはり新しい酒は新しい革袋に盛らなくてはなりません」

こうした事業哲学はＭ＆Ａにも活かされる。

「はい、われわれはＭ＆Ａをするとき、業績の数字のみで判断しません。その会社を買収することによって、われわれにどんなプラスがあるのか、われわれの手でどのように会社を変えられるか、そこがポイントです。変えることができる自信がなければＭ＆Ａはしません」

事業哲学は過去から現在まで一本筋が通っている。

## 青木弘との出会い

青木は28年（昭和３年）生まれで豊田の４歳上。前述の通り豊田は、入社して７年目、総務から営業畑に換わるときに青木と出会う。

「今度、営業にきました」と挨拶に行くと、青木は多くを語らず「これを読んでおけや」と1冊の仕様書とパンフレットを机の上に投げ出した。

見ると、低温機器のタンクの仕様書と、もう一つは窒素とアルゴンガスの仕様を書いたパンフレットである。

青木はその2つを机の上にポンと投げ出しただけ。「頑張れ」といった言葉も何もなかった。無愛想を通り越して、取り付く島がないというのはこういうことである。

豊田もガス会社に入ったのだから、ある程度のことは勉強して知っている。摂氏のマイナス何度で沸点になるか、外気に触れると簡単に蒸発してしまい、何の役にも立たなくなってしまう。

そうならないように、真空で制御できるようなタンクの仕組み。それを気化して使うにはどうすればいいかという仕様書。

「蒸発器というものがあって、どこにバルブがあってという一式の仕様書でした。これをきっちり頭に入れておかないと、おそらく3日ほど経ったら、突然パッと聞かれるだろうなと思って、それで丸暗記しました」

案の定、3日後に、青木から質問の矢が飛んできた。待ってましたとばかり、豊田が立て板に水のごとくしゃべり、完璧に質問に答えた。それから、青木の態度がガラッと変わったのは言うまでもない。

大同酸素は１９３３年（昭和８年）に設立された会社。豊田が生まれたのは32年（昭和７年）12月21日。同じ時期の誕生で、そのことも豊田にとって入社以来、会社に愛着を持つ一つの要因ともなっていた。

元々、大同酸素は、ガスのユーザーである鉄工所の経営者たちと、〝本《ほん》田《でん》の金持ち〟、それに河内長野で手広く事業をしていた人物が興した会社。

〝本田の金持ち〟とは、当時、大阪の本田地区（現大阪市西区本田）に事業で財を成した人たちが住んでいたことから、そう呼ばれていた。

戦前スタートした大同酸素も戦後になると、酸素ガス事業を取り巻く環境が変わり、いろいろな対応を迫られる。

戦後すぐ、２強といわれたのは日本酸素（現大陽日酸）と帝国酸素（現日本エア・リキード）。この２強が資本力、経営力に任せて、市場を席巻しつつあった。

これではいけないと、大同酸素は１９５３年（昭和28年）に、ドイツのリンデ社から、液体酸素製造機を購入、大阪・堺に大型工場をつくるという決断を下す。

青木は、郷里・信州の上田繊維専門学校（現信州大学繊維学部）を卒業して、近江絹絲（現オーミケンシ）に入社。同社では戦後、労働争議が起き、それを機に青木は退社。新天地を求めて、大同酸素に54年（昭和29年）転職してきていた。

大同酸素は発足以来、株主と代理店に販売を委託する方式でやってきていた。しかし、戦前ならまだしも、戦後はその方式だけでは売り上げに限界が出てきていた。

需要家を開拓し、直接販売する直売方式に注力し始めている頃、青木は入社。そこで、持ち前の知恵と行動力を発揮し、新しい商法を考え出していたのが青木であった。

ともあれ青木は、一つひとつの事に熱心に取り組む人だったし、常に新しい事に挑戦し、事業の仕組みを考え抜く人だった。

豊田が大事にする『本質』を衝く事業家であり、経営者であった。

豊田は74年（昭和49年）に取締役になり、常務、専務を経て、タテホ化学工業社長に就任。93年、60歳のときに副社長で本体に戻った。そして99年から01年までの2年間社長を務める。

2000年にエア・ウォーター発足のため、大同ほくさん社長として1年間、そしてエア・ウォーター社長として1年間を送った。01年副会長になり、15年、青木の後を継いで会長・ＣＥＯに就任という足取り。

「社長はその２年だけで、副社長６年、副会長14年と20年の間、『副』が付く肩書きでやってきました（笑）」

青木が、55歳で旧大同酸素社長に就任した84年（昭和59年）から、15年エア・ウォーター会長を85歳で退任するまでの31年間、この間を豊田は参謀として、ナンバーツーとして補佐してきた。

大同酸素本社事務所外観（大阪中央ビルディング）

ナンバーツーとして、トップとの間の呼吸の取り方にも難しいものがあったのでは？という質問に豊田が答える。

「わたしは、青木はいろいろなアイデアは十二分に考え抜いて言い出した事だと受け止めてきましたので、話を全部、聞いた瞬間に『結構です、それで行きましょう』と言ってきました。そこは（８人きょうだいの）次男坊の生活の知恵です。絶対に反対はしない。あの人が言う以上は、何か理由があるはずだと。だから、考えを実現する方法はわたしが考える。メンバーはこう集めて、こんなやり方で行きましょうと。すると、『ええよ』という返事が返ってきます」

最後に結果を出すように仕上げていくのがナンバーツーの使命。「ええ、そこへ行く前に、全部自分の一存でやれます」と豊田。

相当に忍耐心というか、胆力が要るのではないか?

「というよりも、とにかくトップの言う事にまず従う。アタマから抵抗したらいけない。それは組織を壊しますから。ガバナビリティのある会社はそういう会社です。信頼感が互いにあれば、あとは任せてくれます。青木がそうでした。やるのはこちらですからね」

青木は15年春、会長を退き名誉会長に就任。晩年は故郷の信州・梓川で過ごしていたが、18年2月89歳の生涯を閉じた。

「起業を楽しむ人、いや創業者精神の人、それが青木弘でした」——18年4月25日、大阪・リーガロイヤルホテルで営まれた『お別れの会』で、豊田が寄せた追悼の辞の一節。創業者精神を共有する努力が今も続く。

第4章

# これからのエア・ウォーター

——エア・ウォーターの現在、そして未来

## 持続性のある成長へ、地に足の着いた「経営理念の実践」を

「常に一歩前を進む。それには事業のカタチを変えて進むことが大事」――。会社の成長を持続的なものにするには、先を読んで事業のあり方を変革していくことが不可欠という豊田の経営哲学。2度の合併を経て、2000年にエア・ウォーターが発足。そのときにつくった経営理念の中で、自分たちが手掛ける事業は『空気、水、そして地球にかかわる事業の創造と発展』と謳う。自分たちが手掛ける事業と自分たちの使命と役割をシンプルに表現した経営理念に基づいて、成長を追求。今、グループ会社は250社、連結子会社は111社に及ぶ。今後、エア・ウォーターは『地球の恵みを、社会の望みに。』というブランドステートメントをどう具体的に実践していくか。社長・COO（最高業務執行責任者）の白井清司のインタビューを交えて、レポートする。

## 「黒字はリスク、事業は将来性があるかどうかで」

『創業者精神を持って　空気、水、そして地球にかかわる事業の創造と発展に、英知を結集する』――。

エア・ウォーターは、この経営理念に基づき、〝持続性のある成長〟が図れる事業の掘り起こしに注力。いわゆるM&A（合併・買収）も、これはと思う事業を選んで積極的に手掛けてきた。

その結果、コングロマリット（複合企業）の成果を得て、同社は成長してきた。その第一歩は、1988年（昭和63年）のタテホ化学工業買収であり、その後、事業多角化に着手していったのは、すでに述べた通りである。

1993年の大同酸素とほくさん、2000年の大同ほくさんと共同酸素という2度の合併でエア・ウォーターが発足。祖業・産業ガス事業の総合力強化が完了するや、同社は医療、エネルギー、農業・食品へと事業領域を広げていった。

エア・ウォーターは今、グループ250社を数える。常に事業見直しと、グループ内の再編と、事業のカタチを変革していく中で、これを現在の6割程度、約150社に集約していく方針。

連結子会社は111社（2018年3月期）。これで資本の効率性、収益性を見るROE（株主資本利益率）は9・4％（18年3月期）という水準。日本企業の生産性を向上させるための、いわゆる伊藤レポート（一橋大学大学院の伊藤邦雄・特任教授が提唱）では8％を基準にする。同社はその8％を既に超えている。

経営の基本軸をぶれさせることなく事業を構築。それには、1社1社の経営を常に点検、見直していくことが大事。「M＆Aをするなり、事業を選択する場合に大事なのは、この事業に将来性があるかどうか。その一点です」と豊田は語り、次のように続ける。

「今、いくら数字がよくても、将来、この製品のマーケットがなくなる恐れがあるものには、絶対に手を出さない。逆に今悪くても、将来性があるものは手掛けていく」

さらに豊田が続ける。

「そういう観点から、今250社ある会社数ももう一度見直すよう言っています。『今度黒字になりますから』と言ってくるものもありますが、わたしは黒字はリスクだと言っているんです。将来性があるかどうかを考えなさいと。今何とか、このままでやっていきますとか、ずっとこのままいきますというのが一番いけない。今黒字であってもいけない」

では、時代の変化にどう対応していくか。

「常に一歩前をと。事業のカタチを変えて、一歩前を進むというのが、わたしの信念です」

時代の変化、環境変化が起きている中で、従来と同じカタチでやっていると、どこかで何かとぶつかることになるという。

先を読み、一歩前を進むというが、それはどれ位のレンジか？

「わたしは5年にせよと言っています。5年先までは考えられる範囲。世間の流れを見ると、まず経済の動きは5年単位の流れですからね。5年先を見通して、しっかりやる。それ以上のことはできない。これだけの激動の時代ですからね。翌年になれば、またその5年先といったようにやっていく」

事業を担うのは人。その人の可能性については、どう考えるか。

「とにかく、反応が早い人をいろいろ経験させると、仕事を任せても安心できます」

同社は17年4月1日付で、専務取締役だった白井清司を社長・COO（最高業務執行責任者）に抜擢。白井は1958年（昭和33年）10月21日生まれ。大阪府出身。同志社大学工学部卒業後、旧大同酸素入社。産業ガス営業畑で育ち、V1（高純度窒素ガス発生装置）や内陸部に小型プラントを据えるVSU（高効率小型液化酸素・窒素製造装置）戦略で手腕を発揮。

11年執行役員、13年取締役、15年常務取締役となり経営企画を担当。16年専務、そして17年、59歳で社長に就任という足取り。

大学時代はレスリング部に所属、京都府代表で国体にも出場した文武両道の持ち主。好きな言葉は「努力」だという。

同社の経営陣（18年12月取材時）は、会長・CEO（最高経営責任者）に豊田昌洋、副会長には今井康夫（48年生まれ、経済産業省出身、前社長）、同じ副会長に豊田喜久夫（48年生まれ、73年旧大同酸素入社、会長・豊田の実弟で前副社長）、副社長に唐渡有（53年生まれ、旧住友金属工業出身、前専務）、松原幸男（48年生まれ、72年旧大同酸素入社、前専務）、町田正人（57年生まれ、80年旧ほくさん入社、前専務）という幹部の布陣。

白井については「反応が早い人物」という会長・豊田の評価。

その白井は会社変革の歴史を振り返りながら、「82年に私たちが入社したときは、もう本当に産業ガスしかなかった。酸素、窒素、アルゴンは空気から作りますから、空気だけが仕事だった。水は後から付いてきた。タテホ化学のM&A以来ですね。今は空気と水を扱う事業で社名もエア・ウォーター。当時は少し戸惑いましたが、今は事業の展開に可能性を感じられるような社名だと思っています」と力強く語る。

今後、これまでの事業変革の歴史や資産をどう活かし、新しい事業領域をどう開拓していくのか、白井にインタビューした。

Interview

## エア・ウォーターの今後の戦略展開

白井清司社長に聞く

――米中貿易戦争や英国のEU（欧州連合）離脱問題など先行き不透明な状況が

白井清司・エア・ウォーター社長・COO

続きますが、その中でどう事業を構築していくのか聞かせてくれませんか。

**白井**　米国と中国の対立がどうなっていくか、どこかで落ち着くんでしょうが、事態の推移を注意深く見守っていきたいと思います。われわれのユーザーである半導体や二次製品関係で少し減速感が出てきているように感じます。これはおそらく世界中で使われるスマートフォンの販売がやや鈍化してきたことの影響かもしれません。併せて、自動車がどの方向に行くのかという見定めが大事だと思っています。

――そうした混迷の中で、国内産業は今一度、自分たちの立ち位置を見直す機会でもあり、ある意味、チャンスだとも思うんですが。

**白井**　そうなんですよ。そこにとりわけ、日本の製造業がどう絡んで、生き残るというか、頑張れる体質を作っていくかという課題だと思います。そういうモノづくりの会社の体質強化が進めば、産業ガス業界もプラスの影響を受けることになります。医療や農業・食品の関連事業については、人に繋がる事業であり、人口動態に関係なく未来永劫続いていくものだと思っています。この分野でどのような成長戦略を描いていくかで当社の今後の発展の一つの形ができてくるのではないかと思っています。

――ガス事業は産業の結節点と言われますね。そういう流れの中でエア・ウォーターは医療関連や農業・食品など多角化を進めてきたわけですが、祖業の産業ガスはどう位置付けていますか。

**白井**　わたしは産業ガスに長く携わってきましたが、お陰様で当社の業界での位置づけも向上してきました。

入社当時の大同酸素の位置づけと、現時点のエア・ウォーターの産業ガスのそれは随分と違っています。今現在、国内では3社ないし4社が産業ガス事業の主要メーカーというポジションですが、経営の方向性はメーカーによって違うものになってきている感じがします。

《産業ガス業界は90年代初頭まで、日本酸素が圧倒的1位で1強5弱とされてきた。2位はテイサン（旧帝国酸素）で仏エア・リキード系。3位大同酸素、4位大阪酸素、5位大陽酸素、6位東洋酸素のほか、ほくさん、共同酸素といった会社が続いていた。

それが、93年の大同ほくさん、95年に大陽東洋酸素と再編が始まり、2000年大同ほくさんが共同酸素と合併してエア・ウォーターとなり、04年日本酸素と大陽東洋酸素が合併して、大陽日酸（業界1位）となった。テイサンは03年大阪酸素と合併し、ジャパン・エア・ガシズに、さらに07年日本エア・リキードとして業界3位の座を占める。

主要メーカーも今は独自の方向を辿るようになった。大陽日酸はドイツの産業ガス大手、リンデと米プラクスエアの合併に伴い、欧州事業が売却されると、買収で名乗りを挙げた。この欧州事業の売上高は約1700億円とされるが、買収額は約6400億円でその積極策が業界の話題となった。

仏エア・リキードは、中国、韓国やＡＳＥＡＮ（東南アジア諸国連合）市場の成長性に関心を強めており、日本市場に今後どう対応してくるか。

また、ＬＰＧ（液化石油ガス）に昔から強い岩谷産業は次世代車、燃料電池車の動力源・水素ガスやヘリウムなどの特殊ガス系に少し重きを置くなど、各社とも独自色を打ち出し始めている》

――日本市場をどう見るかということと絡めて、今後、エア・ウォーターはどう産業ガスの地盤固めを図っていく考えですか。

**白井**　今、エア・ウォーターがやろうとしている産業ガス戦略、これは日本中のディーラーと仲間になって、地産地消でプラントを置いていくと。それを置くためのポイントは、地元のディーラーさんと一緒にやること、それからやはりＢＣＰ（事業継続計画）を基本にして安定的に産業ガスを供給するという、その要素が大きく影響していると思います。そこに皆さん賛同していただけているので、この戦略をさらに進めて、全国に23基から24基ほどのＶＳＵ（高効率小型液化酸素・窒素製造装置）を設置していこうと考えています。

――18年12月までの設置数は?

**白井**　16基です。これからの設置予定は、17基目が広島県福山、18基目が香川県坂出。その後2基がほぼ内定していますので、2020年までには20基に到達します。あと、3～4基くらいは大体、構想の中に入ってきています。

## なぜ、今VSU戦略なのか

――北海道から九州までの内陸部と聞いていますが、しかも小型の製造装置であるVSUを設置する理由は何ですか?ひと頃は臨海部に大型プラントをつくって効率を上げるという動きがありましたね。

**白井**　確かに、昔の産業ガスのメーカーの感覚からすると、こんなに小さなプラントを造って、コストが合わないのではないかと思わるかもしれません。昔は都市部のコンビナートに近い所に大きなプラントを置いて、大量生産し、全国各地のユーザーへタンクローリーで長距離輸送するというのが産業ガスメーカーのやり方でした。

しかし、それに余り頼っていると、やはり天災、地震や津波の襲来を受けた時の課題があります。大きなプラントが1基停まってしまうと、ほとんどパニック状態になるんですよ。これを防ぐためには、ＶＳＵを等間隔に近い状況で配置していくと。もし仮に何かが起きたとしても、違う所からガスを供給するという形を選択した方がいいのではないかと。そう考えての戦略です。

――ＶＳＵ戦略を取るメリットはどこにありますか。

**白井**　当初は、エア・ウォーターの戦略として、小型プラントを空白地帯に置いてきたんですが、これが加速したのが東日本大震災後です。当時、わたしは産業ガスの事業部長を務めていましたが、東北には業界全体で7基のプラントがありました。このうち4基の運転が停まってしまった。その4基は再稼働するまでに長いもので1年、短くても3カ月かかりました。それで需給バランスが全く取れなくなってしまった。

――具体的にどんな事態に？

**白井**　大震災があって、次の日に病院から酸素が欲しいと矢の催促です。そうしないと患者さんが亡くなるなど、大変な事になりますと。どうしたらいいか、わたしたちも懸命に考えて、やはり西から送るしかないと。しかし、道路が寸断されていてタンクローリーが入れない。特に関東からは全く行けない状況でした。

選択肢として残ったのが秋田、山形から入るという方法。ちょうど、わたしどもには新潟に1基、長野県松本に1基のVSUがありました。タンクローリーによるピストン輸送で北陸と西日本のプラントから松本と新潟を経由して東北に供給するという選択肢を取りました。この時には、皆さんに大変喜んでいただきましたね。

――運んだガスは何ですか。

**白井**　酸素です。1カ月後には、今度は窒素が必要になり、酸素、窒素どちらも運びました。

――酸素は病院にも供給し続けたんですね。

**白井**　供給し続けました。被災地近くの充填所に酸素を入れて、移充填し、ボンベもしくはLGC（超低温容器）という可搬式の容器を使って、それを病院へ送り込むという作業も続けました。

――喜ばれたでしょうね。

**白井**　大変喜んでいただきましたね。そのときに道路は通行止めも多かったんですが、当時、JIMGA（日本産業・医療ガス協会）の会長を務めていたのが、当社会長の豊田昌洋なんです。豊田がJIMGAの会長として国に掛け合い、緊急のタンクローリーは通してもらえるように許可をもらったんです。本当に助かりました。

## 想定外に備えてVSU戦略の展開を

**白井**　そのときに、やはりこのＶＳＵの戦略を、さらに活かさなければならないということで、様々な地域でディーラーさんと話をしながら加速度的に詰めさせていただきました。今までほとんどお取引のなかったディーラーさんに「一緒にやりましょう」と言っていただけましたね。

――想定外の事態で、やり甲斐のある仕事ですね。

**白井**　これはもう大変やり甲斐があります。

――北海道では18年秋、北海道胆振《いぶり》東部地震が起こり、ブラックアウト、つまり大停電となりました。想定外への備えはどうしていますか。

**白井**　プラントは厳しい耐震設計基準を満たしているので、比較的地震には強いのです。

困るのが電気です。電気が停まってしまうと、プラントが動かないので、次の手と

エア・ウォーター＆エネルギア・パワー山口の木質バイオマス・石炭混焼発電。中国電力と合弁で設立した発電事業会社の発電設備。2019年7月稼働予定

して何をやるかというと、やはり自分たちで電気を作らなければいけないのではないかということで、バイオマス発電事業に取り組んでいます。

――具体的には？

**白井**　バイオマス発電は、1基目が日本海水赤穂工場（兵庫）で15年より電力供給を開始。2基目が19年7月に防府（山口）で中国電力と合弁で稼働を開始します。現在建設中なのが、3基目が日本海水赤穂第2バイオマス発電所、4基目が小名浜（福島）です。これらが全て稼働すれば、当社が使用する電力の8割位を賄えることになります。

## 就労者の高齢化、食糧問題、そして地球温暖化などの課題にどう立ち向かうか

「継続なくして事業なし、成長なくして事業にあらず」――。成長を維持し続けるには、経営のカタチを変える。このことを豊田は特に、エア・ウォーター発足後、グループ内に発信し続けている。エア・ウォーターの歴史は、新しい経営の仕組みをつくる歴史。それは戦後復興期の産業界の裾野を支える産業ガスとして例えば、液体酸素、液体窒素をつくったときにも挑戦魂が見られる。創業の地の一つ、大阪・津守から阪神工業地帯、さらには瀬戸内の造船地帯へ、タンクローリーで運ぼうとしても、道路事情が悪いという環境に直面。となると「大阪湾に面する津守から、船で運ぼう」と〝液酸船〟を編み出すという工夫。自分たちに資産がないから知恵をひねり出すという考え方。この伝統を今も背負う。これからのエア・ウォーターの戦略について、社長・白井清司が語る。

## カンパニーと地域事業会社のシナジー効果を

時代の変化、環境の変化に自分たちはどう対応していくか――。グループ内で働く社員は約2万2000人と成長したエア・ウォーター。これからの成長ビジョンを掲げ、同社は次々と新たな手を打っている。

2025年には大阪万博が開催される。舞台は大阪・臨海部の夢洲《ゆめしま》。その夢洲と目と鼻の先にある神戸・ポートアイランドにある医療集積地に同社は医療関連事業の総合拠点を建設。また、『健康寿命延伸都市』を謳う長野県松本市との連携を始めるなど、健康に関わる事業も着々と進む。

一方、未来は明るく楽しい話ばかりではない。地球温暖化が進み、気候変動リスクも高まる。米国の現政権は気候変動を防ごうとする〝パリ協定〟から脱退しようとしているが、その米国の農業自体が地球温暖化の大きな影響は免れないと関係者の危機感は高まる。こうした状況に、「今、世界規模で温室効果ガス、CO2の課題を抱えている、とすれば、エア・ウォーターの出番は少なくないはず」と会長・豊田昌洋は語ると同時に、日本が抱える少子高齢化、人手不足、就労者の高齢化、離農などの課題にも取り組んでいくと将来の方向性を語る。
2019年4月からスタートする新中期経営計画のキーワードは「革新＝イノベーション」。そしてスローガンは「1兆円企業ビジョンの実現、そして次なる時代につなぐ」である。カタチを変えてこそ成長がある――という豊田の考え方を今後どう実践していくか。社長・白井清司に聞くと。

――エア・ウォーターは6つのカンパニーと海水、エアゾールの2つの事業を加えて8つの主要事業領域を持ち、8つの地域事業会社を持っているわけですね。両者の関係はどう築いていくんですか。

**白井**　カンパニーは自分たちが持っている事業をしっかりと機能させて、そこに成長性を持たせる。実際、その製品を販売するのは地域事業会社の役目です。

――地域性を生かしていくと？

**白井**　そうです。それぞれに地域性がありますので、その8つの事業に拘らず、地域はいろいろな事をやればいいのだと。ですから8つの地域事業会社は、自分たちの地域で得意な分野をM&Aするなり、新しい事業を立ち上げるなりして、自分達できちんと会社を作っていくという形で今は考えています。

――両者の連携についてはどう見ていますか。

**白井**　もうかなりできています。元々、産業ガスや医療ガスが中心の地域事業会社に、今の食の領域やエネルギーを組み合わせて、地域ごとにシナジーを出してきています。例えば、食の領域でM&Aをした会社が何かを作るとなると、当然そこにはエネルギーが要りますし、産業ガスも使います。

また、原材料は地域から購入できますし、まとめて同じものを購入できれば購買力も強くなります。そうしたシナジーをいかに出せるかが、これからの課題です。その意味で、まだまだシナジーを出す余力があるのではないかと思っています。

## エア・ウォーターの可能性は広がる

――エア・ウォーターはコングロマリットとしてM&Aで成長してきたわけですね。M&Aといっても、そう簡単に成功するわけではないと思うのですが、M&Aを進めるうえでの基本精神を聞かせてくれませんか。

**白井**　やはり、今の状況下で事業を伸ばすとなると、M&Aで伸ばさないと。既存事業をさらに大きくするには時間がかかりますし、いろいろな意味で力も要ります。M&Aは大きな成長戦略だと思っています。特に医療、農業・食品、ケミカルの再編において、M&Aはこれからまだまだやっていくべき手法であると考えています。

――成長戦略は、事業領域によって違ってくる?

**白井**　そうですね。産業ガスと物流はどちらかというと、設備投資の需要が強くなってきますね。産業ガスはVSUの新たな設置、拠点づくり。物流は物を運ぶだけではなく、自社の物流拠点を建設して、地域に密着した物流基盤の整備を進めています。そうでなければ、売り上げは増えても利益は増えませんから、そのやり方をさらに考えてやっていこうと思っています。

――M&Aは実行した後が大事だと言われます。エア・ウォーターはM&Aの対象先の人の活用を進めていますね。

**白井**　そうです。基本はそれを中心に考えます。ただ、当社の人も送らないと、次の世代がないので、やはりそこに新しい人材を送り込んで、エア・ウォーターとの窓口的な役割を果たしてもらうと。

それは営業の人材がよければ営業を、管理がよければ管理の人間を、若くてもいいから出して、繋げられる人材投入をしていくことを考えています。

――カンパニーの方は今度、海水事業が加わり、7つのカンパニー制になると聞いています。

**白井**　海水事業が、次のステップとして19年度よりカンパニーになります。エアゾール事業の方は、今度、茨城に新たな工場ができましたし、この事業は今後まだまだ伸ばせる余地があると思っています。次のカンパニーになるようなステップが踏めるかなと思っています。

――最後に、豊田昌洋会長は入社して60年余、取締役になって40年余と今日のエア・ウォーター経営の仕組みづくりに関わってこられたわけですが、豊田会長から学んだこと、あるいは一緒に仕事をしていて感じたことは何ですか。

**白井**　わたしが入社したとき（1982年＝昭和57年）には常務でおられましたし、その当時は直接お話する機会もありませんでした。年齢も26歳違いますしね。

経営企画部に異動する前後から、少しお話をさせていただくようになりました。豊田会長と接していて思うのは、考え方がブレないんです。これは大きいと思いますね。部下から何かを聞かれたときに、すごく物事を慎重に言われていますね。そこはブレないです。肝はブレないことだと思います。

――これは経営者として大事なところですね。

**白井**　大きいと思います。ですから部下の人たちが皆、豊田会長を信頼、信用しているんだと思います。また、すごく周囲を見ていて、あまり好き嫌いを出されませんね。

――創業者精神を持って　空気、水、そして地球にかかわる事業の創造と発展に、英知を結集する――という経営理念の下、これからの生き方は。

**白井**　わたしたちが会社に入ったときは、本当に産業ガスしかありませんでした。「空気」については酸素、窒素、アルゴンを作りますから、その通りですが「水」はタテホ化学のM&Aによって加わったものです。さらに日本海水のM&Aがあり、水という資源をいかに使うかということから、空気と水を使う事業が一番ではないか？ということでエア・ウォーターという会社ができた。

２０００年に会社ができたとき、正直、こんな単純過ぎる社名でいいのかと何も言えなかったんですが、19年近く経って、材料メーカーという意味では本当に面白い会社だと思います。

――可能性が広がる？

**白井**　本当にそう思います。そういう意味で、やはり故青木弘・前名誉会長、豊田昌洋会長が方向を付けてくれましたので、わたしたちは、そこで一緒にレールに乗れたのではないかと思っています。

――白井さんは西九州エア・ウォーターなど地域事業会社を経験して、２０１４年（平成26年）、経営企画部に異動になりますね。

**白井**　ＶＩ（高純度窒素ガス発生装置）の営業を10年やり、エアセパレートガスの営業も10年やって基本的には産業ガス畑で働き、本当にそこが全てみたいになっていました。

――営業の現場を経験した後、経営企画部ということですね。御社は『空気、水、そして地球にかかわる事業の創造と発展』を経営理念で謳い、経営を活発化させるための行動指針、『横議横行』と『脚下照顧』がありますね。さらに、景気がどう動こうと収益を上げ、成長を持続させる『全天候型経営』と『ねずみの集団経営』という経営の基本がありますね。

**白井**　はい。『全天候型経営』というのは、やはりいろいろな事業を会社の中で持っていて、当然事業によっては環境がよくないときもありますから、そのときには、他の事業がそれを補っていく。経営の要は成長を続けるという意味で、いろいろな事業を持つということが大事ということです。

『ねずみの集団経営』というのは、一つひとつの事業がねずみのように環境変化に俊敏に対応し、活発に行動することだと。昔からいる哺乳類の中で、一番長く生き抜いてきたねずみのように一人ひとりがなりなさいという意味合いです。それで『ねずみの集団経営』という表現になりました。

――　横議横行と脚下照顧という行動指針についてはどうですか。

**白井**　『横議横行』で自由にやりなさいと言いながら、『脚下照顧』で足下を見なさいということです。いろいろな仕事、事業をやっていて常に足下を見ていくということで、この二つがあってこその行動指針ですね。

――　二つがあって事業が成り立つということですね。

**白井**　その通りです。

――　積極的に活動しながら、自分の足下を見つめ続けるというバランス感覚が大事ということですね。事業を支えているのは人ということで伺いますが、伸びている部下、活躍している人はどういう人たちでしょうか。

**白井**　これは本当に難しいと思いますね。やはり最終的には、その人のやる気だと思います。やる気のある人が伸びているということは言えますね。

――本人のモチベーションも絡むんでしょうが、例えばモチベーションのない人というとおかしいですが、まだ薄いなという場合には、どうやる気を持たせますか。

**白井**　やはり、自分が今手掛けている仕事に集中させるということですね。人の性格もあるので、向き不向きもあると思います。向いていない事を一生懸命やらせるのではなく、本人が向いていることを一生懸命やらせるような、会社の中の位置づけを少し変えてやればいいと思うんですよね。

どう見ても絶対向いていないという人に対して、あんまり長くそこにいさせるのではなくて、早く向いているところに、またその人が長所として才能を発揮できる事業、ないしは部署に持っていく。そういう事を早く対応していかなければいけません。

――いわゆる若い人と中間管理職がいて、経営陣との対話が大事ということになってきますが、若い人や中間管理職には日頃どう言っていますか。

**白井**　あまり仕事の面で、こうしなさい、ああしなさいとは言っていません。

エア・ウォーター厚木低温物流センター。2018年9月、神奈川県厚木市の自社所有地に竣工

本人が責任を、ちゃんと持つようにしていくことが大事。指示待ちみたいなことはさせないように、指示は出しますが、仕事を実行する方法は自分で考えなさいと。特に中間の人たちはやる気の中に責任が生まれてきますから、その責任を持って仕事をどうしていくかということだと思います。

若い時は、やる気を全面に出して集中してやりなさいと言いますが、ある程度のポジションに就いてくると、やったことの責任をきちんと自分で取っていきなさいということ。その時には当然、部下のことを頭に入れていくと。立場立場で仕事の中身は違ってくると言っています。

## 祖業・産業ガスを担う産業カンパニーの今後

グループの企業総数は250社。連結子会社は111社（2018年3月末現在）を数えるエア・ウォーター。M&A（合併・買収）で成長し、わが国を代表するコングロマリット経営を手堅く実践。経営の土台には、「常に成長する企業であり続けるには、常にカタチを変える経営を」という会長・豊田昌洋の経営哲学がある。

祖業は、酸素、窒素、アルゴンなどの産業ガス事業。さらにケミカル、医療、生活・エネルギー、農業・食品、物流の計6つのカンパニーに、19年4月から海水の成分に由来する塩やマグネシアを製造する海水事業を「海水カンパニー」として新たに加え、7つのカンパニー制に。これらにエアゾール関連事業を合わせた8つの主要事業と全国8つの地域事業会社がどう連携を取り、成長の果実を収穫していくのか。祖業・産業ガスを担う産業カンパニーは今後、経営のカタチをどう変えていくのか。

## 祖業・産業ガスも変革の歴史

「時代の変化、環境の変化に対応したものこそ生き残れるのであって、強いものが生き残れるものではない。そのことは戦後の日本の経済史が立証しているのではないか。これはダーウィンの立証ではないかと思っているんです」

会長・豊田昌洋はことあるごとに、生物学者のチャールズ・ダーウィンの『進化論』を引き合いに、環境変化に対応して生き抜くことの大事さを強調。

経営のカタチを変える――。そうやって成長してきたエア・ウォーターだが、祖業の産業ガス事業領域自体も変革を重ねてきた歴史を持つ。

「ガスは産業の結節点」――。産業ガスは、鉄鋼、電機、半導体、化学、そして医療、食品、物流と、それこそ全産業と関わりがある。

「産業ガスは事業の血流」と豊田は語る。社会のインフラ（基礎）を担う使命を持つだけに、この事業が廃れることはない。しかし、その産業は時代と共にカタチを変えていく。

「だから産業全般がどう変わり、われわれのガスビジネスにどう関わっていくのか、またどう変化していくのかをよく見なくてはいけない」と豊田は語る。

産業ガスはシリンダー（ボンベ）の取り扱いから始まり、1950年代、国産の液体酸素、液体窒素が登場し、バルク輸送時代を迎えて成長。

次に、空気から一定の吸着剤を通って酸素を供給するというシステム、いわゆるPSA（圧力変動吸着法）の技術も登場。

そして、旧大同酸素が開発したV1（高純度窒素ガス発生装置）によって、製造プラントの小型化が進んだ。常時大量のガス供給が必要なユーザーにはV1を工場敷地内に設置することで、生産の効率化、安定化が図れるというので、同社の存在感が一気に高まったという歴史を持つ。

この20年、物流費が高くなると、内陸部にVSU（高効率小型液化酸素・窒素製造装置）を設置。これは大地震など想定外の事態にも強みを発揮。

祖業の産業カンパニーは今、時代の変化、環境変化にどう対応しようとしているのか、副社長で産業カンパニー長の松原幸男に変革の方向性を聞くと——（2018年10月取材）。

Interview

## ユーザーの事業がどんどん変化する中で

――松原さんは1972年、昭和47年4月、大同酸素に入社されて以来、産業ガス一筋に歩いてこられたわけですね。会社は2度の合併で今日のエア・ウォーターができ、コングロマリットとして成長、発展してきました。その中で、産業ガスは祖業であるわけですが、産業カンパニー長として、今のエア・ウォーター内での位置づけと今後の展望を聞かせてくれませんか。

**松原**　わたしが入社した40数年前は酸素中心の産業ガスの会社というイメージでしたが、それから半導体産業向けの窒素ガスなど、いろいろな製品が伸びてきて、合併を重ねて今の経営形態になったと。

今、産業カンパニーの売り上げは全売り上げの25％弱で利益は40％を占めるという現況です。エア・ウォーター全社の業容が大きくなってきている中、産業カンパニーも同様に収益規模が大きくなってきたということですね。

会長や副会長からも「松原の所はそんなに売り上げに固執することはない。だから利益をきちんと上げてきてくれ」と常々言われています。ですから、大きなM&Aなどで売り上げを上げるというのではなく、むしろ現場中心に、とにかく地域事業会社と一緒に、着実に利益を上げると。

一番利益を上げることができるのは、攻め際と言いますか、価格交渉でもう一歩粘る。それが叶わないこともありますから、今度は仕入れで工夫する。普段から、仕入れ事業者さんは大事にしなさいというのが当社の考え方ですし、ここぞというときは何とか無理を聞いてもらうといった関係づくりが大事です。

――営業の現場で工夫の余地があるということですね。

**松原**　そうです。1つひとつ工夫や見直しを重視してやって欲しいと言っていますので、徐々にですが利益は確保できています。売り上げはそこまで伸びないと言っても、約1800億円、利益も約180億円になっていますから。着実に利益を上げながら、売り上げを伸ばしていく形に持っていきたいと思います。これは、産業カンパニーのみんなで言っているんです。

――産業ガスの取り扱い形態はシリンダー（ボンベ）からローリー、そしてオンサイトとありますが、時代が大きく変化する今、ユーザーも変わってきていますね。

**松原**　ですから、われわれが常に言われているのはやはり、「現場を大事にする」ということです。それは以前からもそういう傾向がありましたが、特に最近はユーザーの変化が大きい。例えば、化学メーカーや繊維メーカーなどはエア・ウォーターの大事なお客様です。東レさんや旭化成さんなどはもともと繊維会社でスタートしていますが、もう繊維の部分は小さくなり、数％しかないという所もあります。

――東レなどは自分たちは化学会社と言っていますね。

**松原**　そうですよね。お客様はどんどん変わってきている。ですから会長の豊田がよく言っているのは、現場に行って、ユーザーがどう変わっているかというのをよく把握していることが大事だと。変化に対応できるような営業マン、人材を育てて、可能性を追求できるような連携もしなければいけないし、そういう人材に活躍の場を与えていかないといけない。

――松原さんは若い頃、営業の現場を歩かれ、南九州支社長や近畿支社長なども経験し、17年4月から副社長で産業カンパニー長に就任という足取りですね。長らく営業の現場におられたわけですが、現場で働くことの本質は何だと考えていますか。

**松原**　本当にどれだけ汗を流したかということですね。手を抜こうと思えばいくらでも抜けるし、もう一歩、もう一歩というか、「しんどいから帰ろう」というのではなく、もう1軒だけ寄って帰ろうといった積み重ねだと思いますね。

## ライバルの牙城を崩すまでの努力

――若い頃、新規獲得で嬉しかったのはどんな事ですか。

**松原**　わたしが28歳か29歳頃のことですが、名古屋支社にいて、3年ほどボンベやローリーの出荷業務を担当し、4年目から外回りをしろと言われ、ライトバンを1台貸してもらった。「お前に渡すユーザーはないから、自分で探してこい」というわけですね。それで、明けても暮れても、三重県内を四日市を始め、走り回っていたんです。そこで伊勢市にある某電機メーカーの工場へ訪問した際、いろいろ合理化をしなければいけないという状況だという話を耳にしました。

そこは、ライバル2社の酸素会社の牙城だった所ですが、わたしはよく工場を訪ねては、工場内の変化をずっと注視していたんです。

――ライバルの牙城となると攻略も難しかったのでは？

**松原**　ええ、もうアリ1匹入れさせてくれないほどでした。それでも何とか工場の資材課長の方と話ができるようになって、こちらの提案に乗ってくれたんです。ところが、私は一介の営業マンで、主任でもないし、何も肩書きがないわけですから、先方の資材課長が「大同酸素はよく分かったし、お前のことも分かったけれど、それだけではダメだから上司を連れてきなさい。上司が本当に大同酸素は一緒にやりますと言ってもらえれば、これを機に話を前に進めようじゃないか」と言ってくれたんです。

――上司にはどう報告を？

**松原**　会社へ帰って上司に言ったら、あそこは自分が3年、4年通って、全く箸にも棒にもかけてもらえずに門前払いをされていた所だと。お前のようなひよっこでそんな事があるわけがないと、最初は受け付けてもらえませんでした。そこで、もう騙されたと思って結構ですから、伊勢まで行ってくださいとお願いし、上司に一緒に行ってもらったんです。それで契約が取れました。今でも取引が続いています。

――そういう事があると、仕事が面白くなりますね。

**松原**　はい。相手に対していろいろな話ができるようになりますし、相手から新しいお客様を紹介してもらえるようにもなりました。

――その後も飛び込みを？

**松原**　私はそんなに飛び込みの実績はないんですよ。私は値段一本やりで勝負するのではなく、全体的に周りを納得させてという形で仕事をしてきました。もちろん、がむしゃらな面もなければいけませんが、採算性も考えなければいけませんし、販売距離がありますから、ローリーの運賃も考えなくてはならない。様々な面を考えながら決めていくということです。

――営業畑での若い世代の動きはどう見ていますか。

**松原**　今の若い人も、本当によく現場に行っています。例えば大気圧プラズマ等、産業ガスを利用する機器や装置を扱っていますが、当社のエンジニアリング部門が製作した製品を、テーマを持って若い営業マンも売り込みに走っています。また、例えばロボット分野などで非常にメーカー志向の強い会社があります。そういう所にもいろいろな提案をして、われわれの製品を採用していただき、新しいビジネスを開拓していっています。それは本当に地域事業会社の営業マンがよく勉強して契約を取ってきています。

## 事業の壁、地域の壁を乗り越えて連携の輪を！

――今、地域事業会社という言葉が出てきましたが、エア・ウォーターの経営は産業ガスや医療、農業・食品などの事業を縦糸にして、横糸の地域事業会社を織り合わせるのだと言われます。カンパニーと地域事業会社、あるいはカンパニー同士の連携はどう進めていますか。

**松原**　会長からはとにかく、壁を破って連携の実を実らせようと言われています。例えばケミカルカンパニーのお客様に対して、産業カンパニーから様々な提案をしていくといったこともしています。連携を進めるためにわれわれも様々な情報を出し、国内だけでなく海外でも一緒に取り組んでいます。

――内外で連携すると。

**松原**　はい。ただ、他のカンパニーとわれわれの連携というのがスムーズにいかないときもありますので、互いに、なぜ連携するかという認識を深めていきたいと思います。

――松原さんは南九州支社長や近畿支社長を務め、エア・ウォーター発足後に地域事業会社ができてから近畿エア・ウォーターの社長も1年務めていますね。地域事業会社の強みはどんな点にありますか。

**松原**　お客様への直売に徹しているところですね。それはその地域のディーラーさんともバッティングするわけですが、逆にバッティングすればするほど仲良くなります。そういうところで一緒にやっていくパートナーにもなります。動けば動くほど、連携の話が出てきます。

## 地域事業会社との連携で嬉しく思うこと

――豊田会長は、常に成長する企業であり続けるには、常にカタチを変える経営で臨むことが大事と言い続けていますね。産業ガス会社は日本の工業地帯が沿岸部から内陸部に広がっていく過程で、内陸部にガスの小型製造装置をつくってきましたね。

エア・ウォーターはいわゆるＶＳＵ（高効率小型液化酸素・窒素製造装置）を展開していますね。

**松原**　産業カンパニーが地域事業会社と連携して進めているＶＳＵ戦略ですね。これは04年の新潟での1号機がスタートです。これは地域事業会社と一緒に手がけていて、18年10月、岩手にできたＶＳＵが16基目になります。20年4月に福山（広島）、5月讃岐（香川）と続き、20年内に20基体制を揃えたいと考えています。

その後も、3年以内にもう3、4基は建つのではないかと思いますが、地域の有力ディーラーさんと組んでの仕事になります。ディーラーさんも世代交代を迎えている。オーナーさんたちは息子の世代にメーカーポジションになることが大事だと考えていますし、その地域振興にもなる事業だと思って推進しています。

――日本の製造業を含め産業界が海外進出に注力している今、エア・ウォーターは国内マーケットにしっかり対応しようとしていますね。その流れの中で、ＶＳＵ戦略はその地域の振興に貢献できるということですか。

**松原**　その通りです。地域のパートナーをきっちりとエア・ウォーターがケアしていくということですね。

こうしたことができるのも、わたしたちの先輩、その前の先輩が非常に苦労しながら仕事をしてこられた。叩かれながら、地べたを這いずり回って頑張ってこられたから、今があるのだと思っています。

会長が、先輩たちが育てたものを絶対に失うな、それを育てなさいというのはそこだと思うんです。

また、地域事業会社の社長も頑張ってくれています。自分の所に置いたVSUは何がなんでも1日24時間、100％稼働させるという信念でやっている。ご存知の通り、プラントは稼働率が下がると即、収益の悪化につながります。そういう意味では大変な努力だと思います。

――松原さんも、この仕事をやってきて、やり甲斐があると。

**松原**　もうそれしか能がなかったんでしょうし、やはり現場で育ててもらってよかったなと思っています。

## 『横議横行』、『脚下照顧』の行動指針について

――新しい事業領域を切り拓いていくときの行動指針として、エア・ウォーターは「横議横行」と「脚下照顧」を掲げていますね。これについては。

**松原**　このことは、常に会長に言われるのですが、とにかく足元をよく見て、自分の立ち位置をしっかり認識しなさいと。自分たちの歩いてきた道を振り返らなければならないこともありますしね。

――「横議横行」は、議論を自由闊達にして、新しい事に挑戦していく気風を育てる一方、そうした挑戦者魂を発揮しながらも、足元をしっかり見ていくという「脚下照顧」が大事だということですね。その2つの精神のバランスが大事だと。

**松原**　そうですね。自由闊達にしていくけれども、やはり地に足を着けていなければいけないということですね。とにかく砂山を上がっているようなときは、足が止まると下がっていきますよね。

ですから常に足を動かしておかなければいけない。それで常に自分の足元を見ながら進んでいくことが大事。なかなか言われていることをまっとうにできていませんの

で、大したことは言えませんが（笑）。

## 産業カンパニーに第2、第3の柱を

―― 産業ガスは祖業であり、エア・ウォーターの屋台骨を支える大事な基盤だと思うんですが、内外の状況が大きく変化する中で、どう新しい領域を切りひらいていくか、その道筋を聞かせてください。

**松原** 会長もカンパニーの中で次の柱となる事業があるのだから、この中で全天候型の運用をしなさいと言っています。産業ガスの業績が落ちたら、カンパニー全体が悪くなるのではなく、エレクトロニクスが伸ばす、エンジニアリングが伸ばすと。落ちた分を他の事業がカバーするという態勢に持っていきたいと考えています。

―― カンパニー内での全天候型経営の実現だと。

**松原** そうです。ですから第2、第3の産業の柱をつくることが産業カンパニーの本当に大きな課題です。エレクトロニクスはやってくれています。オンサイトもある程度安定した収益を確保してくれている。エンジニアリングは売り上げ、利益とも伸

松原幸男・エア・ウォーター副社長・産業カンパニー長（取材時）

ばしていますが、さらに伸ばして欲しいと。

第2、第3の柱が育ってくれると、産業ガスの比率は下がりますが、カンパニー全体の売り上げは上がっていき、バランス良く利益もついていく。そうすると医療カンパニーに負けない売り上げになります（笑）。医療に売り上げを超されましたからね。19年度は何が何でも取り返すぞと言っています（笑）。

ＡＩ（人工知能）の時代と言われます。多くの業界では人手不足が大きな課題の1つとなっており、製造現場では、人手が足りず省力化しなければいけない。そうなると産業ロボットの需要が一層増加すると見ています。そこで、専門チームによるシステムインテグレーション事業を立ち上げ、産業ロボットを組み込んだシステム販売を考えています。

事業化には、最低3年はかかりますが、売り上げ、利益を伸ばし、会社業績にも貢献できるのではないでしょうか。各カンパニーが1本釣りで事業を伸ばすのではなく、1つのシステムとしてワンセットで受注できるようにする。そうやって、他のカンパニーとも連携し事業を拡大していきたいと思います。

酸素のシリンダー容器

――各カンパニー、地域事業会社という構造でエア・ウォーターは成長して、多くの事業を抱えていますが、産業ガスを祖業にみんな根っこはつながっていると。

**松原**　そうだと思いますね。どのカンパニーを担当しようが、同じ経営理念、行動指針の下でやってきていますし、思いは全く同じです。

## 農業・食品の生産から加工、流通までを手がけ、食生活のインフラ整備に貢献

「地球の恵みを、社会の望みに。」――。エア・ウォーターが自分たちの事業の目指す姿を表した言葉。農業・食品カンパニーの事業は、この言葉が文字通り当てはまる。畜産品、冷凍食品、野菜・果実系飲料、宅配水、そしてスイーツ類などを手がける同カンパニーの売上高は約1400億円で全体の17%を占める。7つのカンパニーの中では産業ガス、医療に次いで3番目の規模。農産物の生産から食品加工、そして流通までを手がける農業・食品カンパニー。農業領域は高齢化・人手不足という課題に直面。「種まきから収穫までを全て機械でやれるように工夫していく」と豊田昌洋は語る。エンジニアリングを駆使しての農業の生産性向上でもある。自分達の農産品や加工食品は「気候変動に関係なく安定供給を実現する全天候型でいく」という事業展開である。

## 不確定要因が多い中で供給責任を貫く

「今、かぼちゃやじゃがいもなどを生産するため、農家と契約している栽培面積が3000ヘクタール。それを私は3万ヘクタールやれと言っているんですが、まず今年は5000ヘクタールにします」

会長の豊田昌洋は北海道での農場運営について、こう語る。「農業で大事なことは断トツのものをつくること」と、特徴のある農産物作りを目指す考え。

日本の農業は高齢化が進み、農業従事者の平均年齢は67歳となっており、いかに農業の生産性を上げるかは最重要課題。

「機械化でやるしか手はありません。3万ヘクタールの農地を持つということは、それに準じた機械がないとできないということです。これからはエンジニアリングあっての農業になっていく」

断トツのものを生み出せ――。例えば、グループの春雪さぶーるは、いま生ハムの分野でシェア・ナンバーワンを誇る。旧雪印食品の北海道工場を買収した他、老舗の相模ハム、大山《だいせん》ハムをM&A（企業の合併・買収）してグループ会社化。

この農業・食品カンパニー長を務めるのはエア・ウォーター副社長の町田正人（1957年＝昭和32年9月生まれ）。北海道大学を卒業後、旧ほくさんに入社。主に経営企画畑を歩き、05年に執行役員総合企画室産業担当部長、09年取締役、14年常務取締役で農業・食品カンパニー長として率いることになった。16年専務、17年副社長という足取り。

旧大同酸素と旧ほくさんの合併、次いで旧共同酸素との合併でエア・ウォーター誕生を体験。

経営風土、使う言葉が違う中を、互いに理解し合うところから努力。その積み重ねの中で、何を感じ取ってきたのか？

「2000年にエア・ウォーターが発足しますが、93年の合併から7年。最後の年は赤字事業がなかった。それはすごくいいことだと。わずかでも黒字になってくると、みんながもっと伸ばそうと前向きになる。赤字だと、誰が悪いんだという話にどうしてもなる（笑）。合併はいろいろありますが、自分達だけでずっとやっていると変えられないものを、相手の力も生かして変えていくことができれば、みんながハッピーになります」

こうした体験も踏まえ、M&Aについては、「仕事をやっている人のやる気を失わせないようにしていかないと」と語り、大事なのは、「相手が何を考えているか洞察することが重要」という考え。

対話を大事にし、仲間の輪を広げる――。農業・食品カンパニーは、グローバルに発想し、行動していく時代と強調。

「グループの春雪さぶーるは20年以上前から、冷凍野菜を南米や欧州など世界から輸入しています」

町田が続ける。

「『地球の恵みを、社会の望みに。』これは『空気、水そして地球にかかわる…』という経営理念に通ずる言葉で私達カンパニーの事業にピッタリだと考えています」

農業・食品カンパニーの方向性を町田にインタビューした。

Interview

## 一緒になった相手企業の良さを伸ばす！

――エア・ウォーターの中での農業・食品カンパニーの位置付け、あるいは役割について聞かせてくれませんか。

**町田**　2019年3月期決算で言えば、我々のカンパニーは全売り上げの17％を占めていますが、売り上げとともに利益率もと言われているので、利益率の向上に努力しているところです。カンパニーの中では産業ガスの利益率が一番高く、我々は今3％台になっているので、さらに高めたいと考えています。

農業・食品カンパニーはM＆Aでここまで成長してきていますので、のれんの償却がどうしても絡んできます。それがなくなっていけば、少しは利益面を含めて経営のペースが上がってくると思います。

――M＆Aはそれを実行した後が大事だとよく言われますね。それまで経営風土や文化が違う中でやってきた者同士が一緒になって、やっていくことの難しさですね。

**町田**　ええ、産業ガスを中心にやってきたエア・ウォーターにとっては、『春雪さぶーる』以外はほとんど素人の分野ですので、基本的にはそのままやってもらうと。特徴のある会社にやってもらってきているので、その良さをできるだけ伸ばしてもらいたいということです。

――具体的に、一緒になった相手の良さをどう伸ばすと。

**町田**　例えば、比較的小さい会社では、人間力のある人達に出会うこともあります。コンプライアンス（法令遵守）のレベルを上げていかなくてはならないとか、なかなか単独ではできていなかったところは手伝っていくこともあります。いろいろな手を尽くして、伸ばしていく所は伸ばすということですね。

――例えば、ハム類でも大山ハム、相模ハム、春雪さぶーると3つのブランドがありますね。これも、それぞれ生かしていく？

**町田**　その通りですね。大山は、西日本では非常に知られていますし、エア・ウォーターよりも大山ハムの方が有名ですから、それを大事にしない手はありません。逆に言うと、大山ハムのブランド、らしさをどうやって維持して強くしていくかを考えるということです。大手のハム会社と同じ土俵で戦っても全然実らないと思っています。その地域の、地場の固定的なファンを逃さず、ファンを増やすことが大事。大山ハムは今回、新しい工場をつくるんです。

——大山ハムの工場はどこにあるんですか。

**町田**　米子（鳥取県）です。大山の麓、伯耆《ほうき》町に新工場を作ろうと先に土地だけ購入したんです。そうしたら地元にはすごく喜んでいただきました。地元の方々に歓迎していただいて、本当に嬉しいですね。

——春雪さぶーると大山ハム、相模ハムの連携はある？

**町田**　あります。原料の購入や保管、管理など、共通化できる部分は多くあります。もちろん、違いもありますが、一緒にやった方がパワーが増すのであれば、そうしていこうと。

それから、お客様が重なる部分もありますから、お客様の方も、それならば全てまとめて、という話になっていきます。それによって新しく組み合わせた商品を作る、といったことが少しずつ出始めています。

——顧客の側も選択肢が増えてくると。

**町田**　ええ。でも、ようやくですね。そこがM&Aの難しさというか、本当に、この兄弟会社がお客様との間にどんな仕事をやっているかがわかるのには、時間がかかるのも事実です。

## 課題解決策を引き出すために、どう工夫していくか

――課題解決のため、カンパニー内での対話やコミュニケーションも含めて、どう工夫していますか。

**町田**　今、農業・食品カンパニーにも外から専門家が結構入ってきています。市場全体を知っている、人脈など外部とのネットワークもある人が加わって、こういう風にした方がいいんじゃないのかと、みんなで知恵を出し合い、新しいやり方が生まれてきています。

――課題解決へ向かって、19年度からカンパニーの運営を変更するそうですね。

**町田**　農産・食品加工と飲料の2つの事業領域に分けて取り組んでいます。

――ひと口に農産と言っても、いろいろありますね。

**町田**　農産の領域でも、畑で栽培している、あるいは温室で育成するやり方とありますし、流通の領域でも仲卸から、小売りまであります。また、扱いから事業も変わってきている。例えばトミイチは北海道・旭川の卸売業でしたが、農家に委託栽培して、それを買い付け、市場に出す。加えて煮る、冷凍するといった一次加工の仕事まで手がけています。業務用大根おろしや北海道産冷凍かぼちゃは全国でもトップクラスのシェアです。

――農産物の成育はその年の天候にも左右されますし、昨今は異常気象も続き、その苦労もあると思いますが。

**町田**　かぼちゃにしても、2018年は大変でした。ほとんど不作と言っていい状態。18年は日本全体では猛暑が続きましたが、北海道では冷夏で日照不足になり、作物の出来もひどかったですね。その後には、すぐ暑くなって、農作物が育たなくなってしまった。何か、最近は季節ごとに、場所ごとにまだらですし、異常な感じですね。

――そうした自然災害リスク、天候リスクにはどう対処していこうと考えていますか。

**町田**　農業の6次化が言われるのも、そうしたリスクも考える上で意味はあるのでしょうが、そのこと自体が決定的な解決策になるわけではないと思っています。

――第1次産業の栽培、第2次の農産物加工、第3次の流通を手掛けることによる農業の第6次産業化ですね。

**町田** ええ。栽培だけとか、加工だけ、あるいは流通だけというのでは、何かがあった時のリスクを吸収できない。致命的になってしまうという事態にもなりかねません。やはり栽培、加工、流通を全て持っておく必要があると思っています。

――日本全体でいうと、食料自給率はカロリーベースで39%で他の先進国と比べても非常に低くなっていますね。食料安全保障面からも、もっと上げなければいけないとわかっていても、農業運営のコスト面、そして自然災害などを考えると、なかなか難しい面がある。自給率はどう考えていけばいいのか。

**町田** その自給率も、自給できている農産物とそうでないもの、あるいは余っているものもあるので、いろいろ議論があると思いますが、18年後半は野菜が不足している状態。物によって18年夏頃は例えば関東の葉物は不足しましたね。

本当にスポットで完全に安定供給ができていないという事態を、すでに招いてしまっていると思うんです。ですから、日本だけで問題解決策を考えられないという状況。そこをどう打開していくかという課題ですね。

## 食のライフラインを守る

――日本の食料を安定的にどう確保するかということにもつながる農業・食品カンパニーの仕事ですね。難しいこともあるわけですが、逆に仕事のやり甲斐もありますね。

**町田**　それは言えますね。そういう難しい状況にあっても、当社はこういうものを持っているし、これは提供できますという形になりたいと思っています。

祖業である医療用ガスと産業ガス。医療用酸素は切らしたら人が亡くなるという厳しさが伴いますし、使命感を背負っています。製鉄の高炉向けの酸素もストップすると高炉が完全に潰れてしまいます。

エア・ウォーターの各カンパニーや地域事業会社は、そういうライフラインを維持しているし、農業・食品カンパニーも食生活に必要なものを確保し、そのライフラインを維持している会社だと言われたらいいなと思っています。

――食生活のライフラインでは、例えば缶飲料や紙パックの飲料事業で有名なゴールドパックという会社がありますね。

**町田**　日本で最初のキャロット（にんじん）ジュースを作った会社です。日生協さんの圧倒的なベストセラー商品なんです。2019年3月に設立60周年を迎えました。元々は東急グループの中興の祖、五島慶太翁の肝いりで、出身地の信州・青木村で事業を始めたという歴史です。

――そのゴールドパックがグループの一員になったきっかけとは何ですか。

**町田**　ゴールドパックの安曇野工場がエア・ウォーター農園の安曇野菜園の近くにあり、社員同士が地元の縁でよく見知っていたということから、当時ゴールドパックを所有していたファンドにアプローチし、12年にエア・ウォーターが出資しました。

――今、4工場体制ですね。これからの事業展開は？

**町田**　やはり装置産業で工場のキャパシティ（能力）が決まっていますから、将来も事業が伸びるためには、もっと大きくしていかないといけません。そういう中で、野菜系、果実系の飲料は得意とするところです。ゴールドパックは元々、拠点が信州ですが、これにニチロサンパックという会社がグループに入り、青森産のりんごや北海道・恵庭の野菜系飲料が加わってきています。そういう野菜系、果実系、それと紙容器入の飲料を得意分野にし、工場もフルに操業しています。

――環境問題を強く意識する時代になりました。廃プラスチックによる海洋汚染が問題視され、今後プラスチック容器には厳しい目が注がれるわけですが、紙容器は環境にも優しいと。

**町田**　それは間違いありません。紙容器へのニーズに応えるべく、その部分は伸ばしていきたいと思っています。今すぐにペットボトル類がなくなるといったことにはならないと思いますが、本当に長期的に見れば、その方向に向かうでしょうし、紙は重要だと考えています。

## 産地とつながる！これがわたしたちの強み

――農業・食品カンパニーは高付加価値商品づくりや宅配水事業なども手がけていますが、この高付加価値をどう追求していく考えですか。

**町田**　やはり加工度が上がっていくと付加価値が違ってきます。野菜そのものを売るだけでは事業の生産性が低いままだと思うんです。もちろん、すごく良い野菜を作るとか、それはそれで充実するというのはわかります。ただ、それだけで、事業規模を大きくするのは難しいですから、野菜を使った飲料や、野菜に関連する加工商品などを含め、多様な事業を展開するカンパニーになろうと考えています。

いろいろな会社や事業が集まり、ここまでになってくると、結局、お客様が評価してくださるのは、エア・ウォーターのグループは産地とつながっているということです。

――産地とつながる。イメージがいいですね。美しい自然に囲まれた信州に拠点があり、北海道の大地で農産物を育てる。自然と共に生きるということですね。

**町田**　ええ、そこを強化していくことかなと。野菜をそのまま市場に出すと、相場の波に翻弄されます。やはり加工することで付加価値が付く。利益率を考えると、そういう事業を考えていかないといけません。

本当に旬の、フレッシュな良いものは、そのものとして出して、その他の規格外のものは加工用に回し、そこに付加価値を付けて売る。そういうやり方になっていけばいいと思っています。

――生活に欠かせない水ですが、災害に遭遇した時に、何より被災地で必要なのが水。御社は宅配水も手がけていますが、この水の事業はどう考えていきますか。

**町田**　これは今、なかなか難しい状況になって、あまり胸を張って言えないんですが（笑）、水は重要です。世界的にも、資源問題として最重要課題の一つですね。具体的に、宅配水になってくると、完全に物流事業という性格の方が強い。今の状態だと、水の価値より、物流費の方が高いんです。

――人手もかかると。

**町田**　そうですね。今は、水源事業に徹しようとしています。一つの工場をつくるのに20億円といった資金が必要ですので、水源そのものの価値はなくならないだろうと。

――水を外部に売るという仕事も出てくると。

**町田**　今、自分達で手がけているのは主に業務用の水の販売です。一般ユーザー向けの仕事は水の事業会社との提携も考えています。提携相手さんも水源を求めておられますから。

――水源はどこですか。

**町田**　信州の大町です。ここは無尽蔵です。黒部ダムに近い場所で、水の質がいいですね。

## 地域に根を生やし、グローバルな発想と実践を

――これからの農業・食品カンパニーの経営を進めていく上で大事なことは？

**町田**　今は、グローバルにものを考えていかないといけない時代です。北海道にいる農家にしても、世界の動向を見ていいものを作らなければいけなくなっており、その技術の習得も大事。世界に通用するために、そういう勉強をして、地元に貢献していくことだと思います。

――日本は人口減少社会ですが、世界全体は増え続ける。

**町田**　ある人が30年後くらいには『増産』と『備蓄』がキーワードと言っていましたが、これだけ世界的に人口が増えていき、異常気象が続くとなると、食料をきちんと確保できるか。それが重要になってくることだけは間違いありません。

――そのためには、どう対応していけばいいと考えますか。

町田正人・エア・ウォーター副社長・農業・食品カンパニー長

**町田**　中期経営計画づくりにもそうした危機管理的な要素も加味しながら、需要家さんとの信頼関係、ＢＣＰ（事業継続計画）をどう構築していくかを考えていく。単に災害時の対応にとどまらず、産地を分散するといったこと。それ以外にも、被害を少なくすることが技術的にどうできるのか、あるいは行政の許認可をどうクリアするかなど、様々なことを少し広い視点で考えなくてはならないかなと思っています。すると、思考の幅を日本だけではなく、遠い南米や近いアジアも含めて、考えなければならないかなと思います。やらなくてはならないことがたくさんあって、困っているんですが（笑）。

グループ会社である南米エクアドルのエコフロス社の冷凍ブロッコリー製造工場。高品質なエクアドル産冷凍ブロッコリーを、春雪さぶーるが「Saveur（さぶーる）」ブランドで販売している

肝心の農家との関係では、あまり偉そうなことは言えませんが、農家ができない所をどうやってできるようにするか。今まで土が痩せて、作物ができないとか、天候が安定していないからできないといったことをできるようにすることを考えていかなくてはいけないと。

野菜を作るのは農家の方がプロですから、基本的にはお任せします。新しいことでお金がかかる、技術が要るというところは、農業・食品カンパニーとして考えていかなくてはいけないと思っています。

# カンパニーの中で売上高No.1となった医療カンパニー

医療カンパニーは、エア・ウォーターの事業成長の牽引役。――。『高度医療』と身近な『くらしの医療』の両領域で医療関連事業を展開する医療カンパニーの躍進はエア・ウォーターの成長を支える原動力になっている。環境変化の激しい中で、持続性のある成長を追求し続けてきている同社にあって、医療カンパニーの位置付けは重い。手術室やICU（集中治療室）等の設計・施工事業では〝国内2強〟を担い、注射針事業では、〝痛くない注射針〟などの開発も進む。医療カンパニーが目指す道とは。

## 『くらしの医療』へのニーズに応える

高齢化社会の進展で、今後の成長が期待できるのが『くらしの医療』領域。例えば、口腔の健康は健康寿命を伸ばすことにもつながるといわれ、今、『8020運動』が提唱されている。

残存歯数が約20本あれば、食べ物の咀嚼が容易とされることから、80歳になっても、20本以上の自分の歯を保とうと呼びかける運動である。

健康な歯を残すことへの努力はもちろん大事だが、虫歯や歯髄炎などで歯を喪失した場合の治療方法はないのか――。

この観点から、歯髄、つまり歯の神経組織の幹細胞を活用した歯髄関連事業を企画・推進するための子会社『アエラスバイオ』が18年8月設立された。

今、自己の歯（歯髄組織）を用いた再生医療による治療の臨床研究が進む。

歯髄組織は、患者に大きな負担をかけることもなく、乳歯や大人の奥歯で最も後ろに位置する歯（親知らず）などの不要歯から採取できる。この組織には、血管と神経を作るのに有利な幹細胞が多く含まれる。

そこで、自己の歯（歯髄組織）を活用し血管新生・神経再生・歯髄再生を促進する治療を確立しようという研究である。

このため、エア・ウォーターは18年4月から、歯髄細胞の取り扱いに関する共同研究を国立研究開発法人国立長寿医療研究センターと連携して開始し、19年5月、神戸医療産業都市に開設した「国際くらしの医療館・神戸」の中に、歯髄細胞を取り扱うための細胞加工設備を設けた。

このように、歯髄再生治療技術の研究を進め、２０２１年には歯髄関連の事業化を行う予定。

冒頭に紹介した新会社の『アエラスバイオ』の社名の由来は、『エア』のラテン語『アエラス』と『生体＝バイオ』を掛け合わせたもの。エア・ウォーターの出資比率が70％、グループ会社の歯愛メディカル（本社・石川県白山市、清水清人社長）が30％での会社運営。

歯愛メディカルは、歯科クリニック向け歯科診療用品全般の通信販売最大手。３万点を超える豊富な歯科診療用品を取り揃え、歯科医院、介護施設、動物病院、医科クリニック向けに成長している会社。国内6万施設の歯科医院や口腔外科とのネットワークを持っているのが強み。グループ会社との連携による新事業の創出である。

エア・ウォーターの医療関連事業は元々、医療用ガスを始め、病院設備や医療機器、さらには病院業務のアウトソーシング受託といった医療機関向けのビジネスを中心に成長。

こうした高度医療分野での事業基盤を強化する一方で、世界最速のスピードで進むわが国の高齢社会のニーズに応えようと、同社は『くらしの医療』の事業拡大に注力。

こうした成長戦略に基づき、エア・ウォーターは歯科領域にも参入。２０１１年に歯科用機器、理化学機器の製造・販売を行うデンケン（現デンケン・ハイデンタル）を子会社化、16年に歯愛メディカルの株式40%を取得し、同社に資本参加してきたという経緯。

このように、医療カンパニーではＭ＆Ａ（企業の合併・買収）や事業再編による新事業の創出が進む。

## 世界80カ国以上に注射針を輸出

医療技術はまさに日進月歩。再生医療などの最先端技術や知恵を駆使しての技術革新が日々進む。その中で、医療関連事業を展開していく上で、何を得意技にするか。

エア・ウォーターが今、注力している事業の一つが注射針。注射針は医療に不可欠な存在。点滴、透析、生検、髄液採取、腹水の排出と様々な医療行為で使われている。

注射針は、一般注射針のほか、歯科用、美容用リフト針、動物用なども含み、世界で年間約700億本の需要を抱える。日本での生産量は年間約120億本で、そのうち約10億本が国内で使われている。

エア・ウォーターグループ内には、50年以上の歴史を持つ注射針のスペシャリティカンパニーのミサワ医科工業がある。

国内では数少ない注射針製造全工程を有するメーカー。針加工技術で高い専門性を誇り、売上高の8割は欧州や米国など海外市場で、同社製品に対する海外でのニーズは非常に高い。

ミサワ医科工業では、長年にわたって、〝痛くない注射針〟を追究。刃先の形状を工夫したり、針の仕様によって調合を微妙に変えるシリコンオイルコーティングなど独自の技術を開拓。

こうした有力事業・企業を抱えて、医療カンパニーは2018年度の売上高が1767億円となった。

今後、事業をどう伸ばし、戦略的展開をどう図っていくか。

## 内外の市場を睨んで戦略性のある経営を！

時代のニーズ、その国や地域の需要がどうなるのかを読んで、「戦略性のある経営が大事」と日頃、会長・CEOの豊田昌洋は説く。

そのために、19年4月1日付で会長管掌の経営戦略室を設置した。

「会長というのは、全般を見て、しかも外と交渉しなければいけません。内輪も大事だけれども、外の活動もしなければならない。経営戦略室で情報を集めて、資料も整理していく。会長の手足になる組織が要るということで、この組織をつくったんです」

改善、改革を進め、新しい製品や事業をつくり出していく。そのために、時代のニーズを先取りし、有効な制度設計をやっていこうとエンジニアリング重視の経営を打ち出した。

エンジニアリングの世界には、〝Engineering the Future〟という言葉がある。文字通り、「未来を設計する」という意味で、わたしたちの将来を設計し、構築していくということ。

そこでは、構想力、そして提案力が問われる。

「わたしは、当社の産業カンパニーのエンジニアリングを高く評価しています。産業ガスメジャーのエンジニアリング会社に負けないところを持っている。他のカンパニーもこのエンジニアリングの目でしっかりと仕事をつくっていくようにしていきたい」

豊田はエンジニアリング機能を持った戦略的事業の展開が大事と強調し、次のように続ける。

「医療機器分野の技術革新には目を見張るものがあります。注射針もそうです。自分の所で改革、改善もやっていかなくてはなりませんし、外の知恵も活用するために人を引っ張ってこなくてはならない局面も出てきます」

具体的には何か？

「８Ｋ硬性内視鏡カメラを開発したカイロスという会社が、18年４月にグループの一員になりました。診断の精度や医療の質を高めるために、新領域を切り拓かなくてはいけないし、もっと積極的なエンジニアリングをやっていかなければなりません。それにはカイロスの持つ８Ｋ映像技術でないといけないという判断です」

今、テレビ放送では高精細の４Ｋが導入され始めたが、こちらは医療用でさらに超高精細が求められる８Ｋの硬性内視鏡カメラ及びシステムの開発、製造・販売である。

「ええ、８Ｋの硬性内視鏡カメラです。それを事業の目で見て、どう育て上げていくか。技術者が集まって、いろいろな事をやり、それは外と接触しながら、ビジネスになるように持っていかなくてはなりません。そういうところで、医療のエンジニアリング力を高め、病院との情報交換を密にしていく」

カイロスの８Ｋ映像技術は医療の領域だけでなく、他の領域への応用も期待できる。

医療カンパニー長には19年４月１日付けで、常務取締役の光《こう》村《むら》公《こう》介《すけ》が就いた。光村に、これからの同カンパニーのカジ取りの抱負を聞いてみた。

Interview

## 医療カンパニーのカジ取りを聞く

――健闘している医療カンパニーですが、カジ取りを任されての抱負を聞かせてください。

**光村**　わたしは人事畑を長くやっており、1年前(18年)の4月、甲信越エア・ウォーターの社長を拝命し、地域事業会社の仕事をやってきました。そして19年4月、医療カンパニー長ということで、今日の段階で医療関連の業務を十二分に語れるほどのものを持っていませんが、わたしなりには一生懸命やりたいと思っています。それが正直、素直な心境です。

――4月から、新しい中期経営計画がスタートしたわけですが、その中での医療カンパニーの立ち位置も重いですね。

**光村**　この3カ年の新中期経営計画はおそらくエア・ウォーターの有史以来の大き

な位置づけを持つことになると思います。

売上高1兆円が、この中期経営計画の仕上げになる。長くわが社を牽引してきた会長の豊田が、この3カ年計画で実現すると宣言している。なおかつ、新しい企業のスタイルを目指すと明言していますからね。

医療カンパニーは、その中の一大カンパニーとして、立てられた計画をしっかり成し遂げていくということに尽きます。

――中期経営計画をどうやって遂行していきますか。

**光村**　難関ですが、計画通りに、できれば計画を上回るというように持っていきたいと思います。

今ある経営資源を使い、皆さんの身体と頭と、そして仕事観もあるなら、それも含めて最大限に力を発揮させるという風土、体質をつくっていく。これが今の私の考えです。

――光村さんは07年に人事部長に就き、その後、人事畑で執行役員、取締役となり、18年常務取締役甲信越エア・ウォーター社長という足取りですね。

**光村**　これまで常に与えられた役職と自分との追いかけ合いになっていました。

もっと言えば、「その職にあらず」という気持ちもありましたが、今しかない、だからやるしかないとずっと考えてやってきました。

――86年（昭和61年）入社ですね。旧大同――大同酸素に入った動機は何でしたか。

**光村**　大学4年のときに大きな手術をせざるを得ない状況があり、一般の就職の機会を逸していたんです。そこで見ていると、私が通っていた関西学院大学理学部から大同酸素へは、過去にかなりの採用実績がありました。10月頃、まだ募集しているというので応募したという経緯です。

酸素に入ったのは、捨てる神あれば拾う神ありです。拾われたものですから、この会社を好きになろうと決めました。最初の配属から仕事を数年やって、こういう所が面白い、楽しいと思うんだなということを自分なりに頭で描き、仕事をしていく。楽しいと思うことを見つけていく。そういうことの繰り返しですね。

――入社して最初の配属先は近畿支社大阪営業所ですね。

**光村**　そうです。当時の大同酸素における産業ガスの営業です。大手需要家様の中山製鋼所さんなどを大事に、細やかにフォローするというビジネススタイルでした。

――86年というと、85年のプラザ合意で円高となり、円高不況が押し寄せようとしていましたね。

**光村**　そうですね。入って2年目に賞与も下がったような記憶がありましたが、厳しいというほどではありませんでしたし、その後、バブル期に入りましたが、産業ガス業界の景気は何となくジワジワと上がっていった感じでしたね。

93年（平成5年）、大同ほくさんとなり、その前年の4月、産業関連事業部に配属されました。当時は米国のエアプロダクツ社と技術提携していましたので、エアプロダクツのアプリケーション技術を元にしたガスの需要開拓をする部隊でした。

――大同ほくさん発足半年後の93年10月に、光村さんは大同ほくさん労働組合専従になっている。当時30歳の若さで書記長となりましたね。

**光村**　組合活動の中で尊敬している人が委員長を長くやっておられ、この人から言われて二言はないということで専従になりました。当時旧大同酸素と旧ほくさんで労働条件の違いがありました。また、組合内の風土や活動にも異なる面がありました。ただ両社ともに健全な労使関係でしたので、種々の議論はありましたが、労働条件の擦り合わせも比較的スムーズにいったと思います。

――組合専従になって、学んだこととは？

**光村**　私は、論争でテクニックだとか、脅しすかしといったことではなくて、腹を割って、互いに疲れ切ってしまうまで話し合いましょうと。当時は組合組織体制や労働条件を統合するだけではなくて、その上に新しい基盤をつくろうという気持ちでやっていました。

――組合を3年やった後、96年に人事総務本部に帰任ですね。そして2年後に人事企画部課長となり、07年から16年まで人事部長と、人事畑が長く続きますね。この間、執行役員、そして取締役にも選任されている。

**光村**　わたしが人事畑で30代の頃、人事部長は豊田喜久夫（6月26日の株主総会後の取締役会で会長に就任）で新しい人事制度をつくろうと。新しいものというと、自主自立を目指す。それと職務の価値に応じた処遇をやっていくと。

それで職務基準資格制度というものをつくっていった。この職務にあるから、あなたの等級はこれなんですよと。職務給ではない。本来、職務給は、仕事が替わると賃金が下がったりするんですが、そこは緩やかにとらえながら変えていこうとしました。職能資格制度はみんな上がっていくものですから、同じ仕事をやっていても上がってしまうのでいけないと。

光村公介・エア・ウォーター常務・医療カンパニー長

――職能制だと年功序列制のマイナス面も出てくる。

**光村**　ええ。仕事のレベルを上げて処遇を上げていく。それも自分の力で上げていく。年数が経って上がっていくのではないよということですね。

――人事を含めて組織運営の要諦は？

**光村**　立てた計画の実現のために、最大限できることを人の心を通じて引き上げて、どう動きやすい組織にしていくか、そういう雰囲気づくりをどう進めていくか、これに尽きると思います。

――豊田昌洋会長は人づくりで山本五十六元帥の『やって見せ、言って聞かせて、させてみて、誉めてやらねば人は動かじ』の言葉をよく引き合いに出される。要は、その後がもっと大事だと。

**光村**　部下と話し合い、感謝の気持ちがないといけないと。『話し合い、耳を傾け、承認し、任せてやらねば、人は育たず』と、また『やっている姿を感謝で見守って、信頼せねば人は実らず』ということが大事だということですね。人事をやっていて、自分が採用や異動に関わった人が、こんな事までできるようになったのかと思えた瞬間が一番嬉しいときですね。わたしも頑張っていきます。

エア・ウォーターが、神戸医療産業都市に、2019年5月16日、人々の健やかな「くらし」を創造するための製品・サービスを生み出す研究・開発拠点として、開館した「国際くらしの医療館・神戸」

なぜ「シンプルシンキング」が必要か？

『地球の恵みを、社会の望みに。』――。2018年10月に新しいブランドステートメントを発表し、このステートメントの下、事業戦略（ポートフォリオ）を構築していく。持続性のある成長を遂げるためには、常に経営のカタチを変えていかなくてはいけないという会長・豊田昌洋の考え。その意味で21年度を最終年度とする次期中期経営計画は売上高1兆円という目標の達成だけでなく、「エア・ウォーター」の創業の原点に立ち返って、革新＝イノベーションを実行していく大事なステージという位置づけ。新中期経営計画の実行に当たっては、新たな海水カンパニーの立ち上げなど構造革新、そして全国に8つある地域事業会社の革新など『6つの革新』を掲げる。社会とのコミュニケーションを活発にするための革新を含めて、やはり大事なのは人材育成革新。『人をつくり、事業をつくる』ための新中期経営計画だ。

## 世界経済は混乱の様相、持続性のある経営実現には

新年（２０１９年）を迎えるに当たり、会長・豊田昌洋はエア・ウォーターグループ全社員に向けて、メッセージを出した。

世界経済が混乱の様相を深める中、自らの成長と持続性のある経営を実現するためには、自らの立脚点、原点を見つめ直すことが必要という訴え。その豊田の経営思想がわかるインタビューが、グループ報『藍』（19年新年号）に掲載されたので、その骨子を抜粋する。

冒頭、聞き手から18年度（平成30年度）の叙勲で旭日重光章を授章されたことの感想を聞かれ、豊田は祝意に感謝の言葉を述べた後、次のように語る。

「年頭の挨拶でもお話しましたが、わたしはこの受章は会社が戴いたものだと考えているのですよ。何よりも、エア・ウォーターがこうした叙勲に値するような会社になったということなのです。エア・ウォーターとなって20年。事業規模は4倍、平均すると毎年8％の成長を遂げてきたことになります。日本経済全体の成長率をはるかにしのぐ大きさです。それだけではありません。雇用面、株主還元などどれを取っても、

規模の成長に見合った拡大、増加を続けてきています。そんな風に大きくなったエア・ウォーターを国や社会が広く注目し認めてくれるようになったということではないでしょうか」

同社は次期中期経営計画（19年度―21年度）で売上高1兆円を目指すが、この1兆円企業ビジョンを実現した後が大事だとして、豊田が語る。

「社会からわが社に向けられた期待があり、もし、期待はずれが起これば、すぐさま批判となります。社会の期待に応え続けること、これが企業存続そして成長の必要条件になります」

豊田は、事業の継続を考えるうえで、『革新＝イノベーション』がキーワードとして、「意識して経営のカタチを変える」ことが非常に大事と強調。

そして創業の原点に立ち返って次世代のエア・ウォーターを創っていこうと訴える。グループ報『藍』に掲載された会長インタビューを再録すると――。

――（次期中期経営計画で売上高1兆円を実現、そしてその後のグループ全体のカジ取りについて）革新をキーワードに、次世代のエア・ウォーターに向かうということですか。

**会長**　3年後、そこに待ち構えているものは、1兆円企業エア・ウォーターを土台に出発するまったく新しいエア・ウォーターです。それゆえにエア・ウォーター第2の創業、私はこう名付けたいと考えています。

2000年、第1と呼ぶべき創業にあたっては、無色透明を社名にして、空気と水にイメージを重ねながら、まっさらな形で出発しました。創造への出発でした。社名に不安を抱いた社員がたくさんいました。それが未来への期待につながったのだと思います。そして第2の創業はといえば、それは、革新＝イノベーションからの出発です。

今度は足元をしっかり見つめてカタチを変えるところからの出発です。未来を自ら創っていくことになります。

――革新＝イノベーションからの出発によって、第2の創業を起こす。

**会長**　中期計画策定に全部で6項目の革新を指示していますが、中心的な革新の一つをお話ししておきましょう。それは、エア・ウォーターグループのカタチを変えるポートフォリオ革新です。海水カンパニーを創設して7カンパニー体制とします。

日本海水は、塩づくりのプロセスから得られる製品と技術を活用し、環境、電力、食品へと幅を拡げて来ています。タテホ化学は世界的なオンリーワン製品を強みにして来ました。海水研究所の立ち上げも計画の一つです。海水ビジネスへの本格的取り組みの開始です。

――地球にかかわる事業の創造ですね。

**会長** その通りです。地球に関わる仕事を通して、地球問題を身近にし、少しでもこの難題に挑戦して行きたいと願っています。向かうところは、「地球の恵みを、社会の望みに。」です。

――そこに物語が生まれそうですね。

**会長** 素晴らしい物語ができそうです。

農業・食品カンパニーは、中期計画の立案段階ですが、2030年に向けて、健康、野菜を始めとした食材の安定供給、そして環境、これら3つの課題にフォーカスして、「地球の恵みを、社会の望みに。」を実現する成長戦略を物語化しようとしています。楽しみです。

生活・エネルギーカンパニーは、この「地球の恵みを、社会の望みに。」に向かって、温暖化によって引き起こされる気候変動、異常気象、50年、100年に一度の自然災害、その原因である温室効果ガスCO2削減、すなわち地球レベルの環境問題へ取り組み始めます。SDGsの17の目標の中から6つを選び出しカンパニーの取り組み課題として、中期計画の中に織り込もうとしています。カンパニーの事業価値を高めようとする取り組みです。期待しています。

カンパニーの活動に限らず、経営計画というようなことを離れてエア・ウォーターグループの全員が一人ひとり「地球の恵みを、社会の望みに。」に向かって個人の行動物語を作ってみたらどうでしょう。

すべてのステークホルダー（エア・ウォーターにつながりを持った人々）の期待に応える企業でなければ、存続も成長もかなわない、地球世界に視野を広げることで永続的な成長を導きたい。エア・ウォーターが経営理念に謳ってきたことです。

永続的な成長を図るには、とにかく自らの変革が必要という豊田昌洋の訴えである。

## ポートフォリオ革新をどう進めるか

「常に変化しないと駄目。同じことを繰り返していたら、10年たてばその次はなくなります。それは戦後の歴史が物語っています。その意味では、今度の中期経営計画（19年度―21年度）は非常に大事な中計になります」

ポートフォリオ革新である。『革新＝イノベーション』を続けていけば、当然、グループ内の企業再編も進めなければならず、企業数も変わってくる。

豊田は、次のように続ける。

「何しろ、戦後、我々が見てきた大会社で成長してきた会社は、仕事の中身が恐ろしいくらい変わっています。我々だってこれで安心してはいけません。常に1年ごとに変化していかないといけない。そして翌年どう変わったかということを反省しながら、次は何かを考えなければいけない」

新中期経営計画では、『6つの革新』を掲げる。

第1は、『ポートフォリオの革新、海水カンパニーの立ち上げ』、第2は、『カンパニーの構造革新―大黒柱を据えよ』、第3は、『地域事業政策の革新―金太郎飴を抜け出せ』、第４は、『本社管理部門の革新―強いスタッフとなれ』、そして第５は、『人材育成革新―スピード感を持って』が掲げられ、第６に『社会とのコミュニケーションを活発にする会社への革新―会社が変わる』という内容。

「環境がわたしたちを押し上げてくれる時代はとっくに終わった」という時代認識に立っての革新である。

## シンプルシンキングを

こうした『６つの革新』を担うのは「人」である。その「人」をどう育てるか。

そこで大事になるのが、『人材育成革新―スピード感を持って』という人づくりだ。

伸びている人はどういう人たちか？　という質問に、豊田は、「頭の柔らかい人。頭が柔らかくて、すぐ動ける人。大局観、本質をすぐ掴む人」と語り、次のように続ける。

「シンプルシンキング、クイックレスポンス、アクトファーストが大事な要素です」

シンプルシンキング。簡潔で本質をつく思考であり、本質を見抜く力。

「物事をやるときに枝葉をつけたことを言い、あれこれと理屈をつけるなと。それから、すぐに答えを言いなさいと、イエスかノーかね。保留なら保留でもいいから、期限をつけて保留にしなさいと。3日、あるいは1週間、1カ月と期限をつけて、保留にすると。期限なしの保留が一番よくない。そしてアクトファースト、行動第一ですね。すぐに動き、現場へ行けということです」

人材育成ということでは、同社は例えば、30代後半から40代の社員で『10年後の未来チーム』を、また、20代の若手社員中心の『30年後の未来チーム』をそれぞれつくり、10年後、30年後の社会はどうなっているかと、そのビジョンを探らせた。

「現実の姿のマーケットを見て、世の中がどう動くか、われわれの事業やマーケットがどう動くかということを議論してもらった。10年たったら経営者になるべき年齢の方々を選んだはずです。だから、経営者の目で見なさいと。あなた方は経営者ですよと。経営者の目で見て、物事を決めていかないと駄目ですよと。今のように使われている立場でよそごとみたいに言っていたらいけない。自分たちが経営する立場に立って、世の中がどうなっているかを考える。そして、今から先10年を予想していく。経営者の目線でやっていくということです」

10年後、自分たちが経営者になったときにどうするか――という研究課題。マーケットの変化をどう予測し、そして自分たちの事業をどう革新させていくか。つまり、事業の絵をどう描いていくかという『10年後の未来チーム』の課題。

豊田は、チームのメンバーとの対話で、時に厳しい評価を入れて注文も付け、「清新な絵」を描いて欲しいと叱咤激励。『30年後の未来チーム』は20代中心のチームで、これは「夢見る未来」の世界で『10年後の未来チーム』とは趣きは少し違う。

「30年後の社会がどうなるかを今から考えろと言っても、考えられませんから、あなた方の自由奔放な頭で想像してくれと。過去を振り返り、現実を見て、自由な発想の中で考えて、その中で自分たちはどういう風になるかを考えてくれたらいいと」

## 今こそ、創業者精神を持って

原点回帰――。周囲が混迷・混乱の状況に陥っているときこそ、自分たちの原点に立ち返って考えるということ。

「社会とのコミュニケーションを活発にする会社への革新、これが本当の意味で会社が変わるということであります。社会に目を向け、耳を傾け、ともに歩む姿勢は、地球事業の経営理念を掲げるエア・ウォーターにとって、本来的な姿であることを、改めて認識して欲しいと思っているところです。未来会議から生まれたエア・ウォーターのブランドステートメントである『地球の恵みを、社会の望みに。』、これをグループ全体の、日常的な、体に染みついたビジョンに高めていくための行動計画を盛り込んでください」

何より、大事なのはエア・ウォーター創立時（2000年）につくった、「創業者精神を持って　空気、水、そして地球にかかわる事業の創造と発展に、英知を結集する」という経営理念である。

## 「ホールディングカンパニー」構想

『持続性のある成長』を目指し、2019年度から始まる中期経営計画で売上高1兆円を目標に掲げるエア・ウォーター。2000年にエア・ウォーターが誕生したのを『第1の創業』とするならば、会社経営として売上高1兆円達成は『第2の創業』という位置づけ。「そのときはホールディングカンパニーにして、1兆円企業として、新たな道を進む」と会長の豊田昌洋は抱負を語る。『継続なくして事業なし。成長なくして事業にあらず』という信念の下、『強い会社』づくりを目指すためのホールディングカンパニーの構想である。その意味で19年度からの3年間は新しい経営のカタチを決める上で大事な期間。代表取締役会長・CEOの豊田昌洋は、6月下旬の株主総会後に代表取締役名誉会長・取締役会議長に就任。後任の代表取締役会長・CEOに豊田喜久夫が就任する組織人事改革を発表。改革の作業は続く。

## 自主自立の経営実現へ、〝ホウレンソウ〟を徹底して

エア・ウォーターは2019年度入りを前に組織人事改革を発表。6月下旬の株主総会後に代表取締役会長・CEO（最高経営責任者）の豊田昌洋が代表取締役名誉会長・取締役会議長に就任。後任の代表取締役会長・CEOは取締役副会長・会長補佐の豊田喜久夫（1948年5月生まれ）が就任。19年度から始まる中期経営計画では目標の売上高1兆円達成を見込み、それに向けての組織改革と人事の刷新である。

連結対象147社・グループ企業約260社（2019年3月期）を抱える中で、今後、持続的な成長を続けていくために、グループ企業を6割程度に集約していく。さらに生産性を上げていくためにホールディング（持ち株会社制）構想を掲げる。そうした改革へ向けて、何より大事なのは、「自主自立の精神」と豊田昌洋は訴える。

――今回の組織人事改革で、自主自立が大事ということを強調されていますね。改革の狙いと方向性を聞かせてもらえませんか。

**豊田**　会社経営で最後はCEO（最高経営責任者）が決めるというのはその通りで

すが、それは事によりけりです。日常の経営は、それぞれの社長が行い、カンパニー長が行うというのが当たり前のことです。

ガバナビリティがきちんと浸透するためには、まず第一に上からの意思がそのまま素直に末端まで伝わることが大事です。その意味を捉えてくれるのが、それぞれの長の役割です。そこのところが今は、まだ不十分というのが現実です。

――トップダウンで会社の方向性を示し、そこへ向かって全体が協力していく流れが必要だと。そして、現場からの報告や提案というボトムアップがうまく噛み合って会社が成長していくということですね。そのためには何が必要でしょうか。

**豊田**　何よりホウレンソウ（報・連・相）です。報告、連絡、そして相談。自主自立という根本的な経営はそこに通じます。ホウレンソウをきちんとするためには、自分で物事の判断軸をきっちり持たないといけません。それに基づいての報告もし、これは連絡もしなければいけないなと、相談もしなければいけないという、ものの区別ができるのだということです。

ホウレンソウができないということは、上の意思も通じないし、下の方の情報も上に上がらない。いちばん組織としてはまずい形になりますので、そこをやっていこうではないかと。

―― 自主自立とホウレンソウの関係はどう考えれば？

**豊田** 自主自立というのは、自分でやりながら、会社の中で一本筋を通すことが基本。単なる自主独立で自分勝手にやるという意味ではないです。その裏付けには必ずホウレンソウという形があるのだということ。

大事なことはホウレンソウです。ガバナビリティといっても、結局、ホウレンソウがきちんとしていれば、ガバナビリティもきちんとしていきます。

―― 伸びている人はホウレンソウをしっかりやる。

**豊田** しっかりやります。しっかりやるから、わたしも信頼します。細かいことをくどくど言いませんけれども、伸びていない所は事あるごとに注意しなければいけないので、こちらも時間がとられます。

―― 今回の組織人事改革は文字通り、人づくりということが相当な比重で入っていると思いますが、豊田会長は常々ナンバー2を育てなさいと言っていますね。

**豊田** それはナンバー2を早くつくりなさいと。ナンバー2が見えるような運営と部下の育て方をできる人が本当の意味での自主自立の経営ができる。成果も上げられる人たちだと思いますね。

その場合、人を動かすのに何が大事かというと叱咤激励です。その叱咤激励が、単なるいじめになってもいけませんし、パワハラになってもいけません。相手を納得させながら厳しくやる。そうすると、相手は成果を上げてくれます。

――豊田会長は常々、名将・山本五十六の言葉が人づくり、育成の上で参考になると言っていますね。『やってみせ、言って聞かせて、させてみせ、褒めてやらねば人は動かじ』という叱咤激励の言葉ですが、実はこの後の言葉が非常に大事だと。

**豊田**　ええ。その通りです。『話し合い　耳を傾け　承認し　任せてやらねば　人は育たず』、『やっている姿を　感謝で見守って　信頼せねば　人は実らず』という言葉。仕事をやらせてみて、ただ褒めてやるだけではいけないんです。やはりやってくれたことに感謝しないといけません。

## 川崎化成工業が高収益に転換した理由

――自主自立の経営へ向けての努力が大事ということで、最近の具体的な成果をあげてもらえますか。

**豊田**　ケミカルカンパニー関連でいいますと、川崎化成です。川崎化成の業績はずっとよくなって、今年度（2019年3月期）は7億5000万円の利益が上がるんです。15年に三菱ケミカルホールディングスから買収したときは収支トントンのラインを割る状況でした。川崎化成はよくやってくれたと思いますね。

――なぜ、そこまで収益が好転できたのか。

**豊田**　ポイントはそこです。たびたび赤字を出す会社だった。それが大きく利益を出せるようになりました。

――なぜ、黒字転換できたのですか。

**豊田**　コスト削減と適正価格への是正です。川崎化成のプラントは1回事故を起こすと、半年間ほど運転が止まることもあります。そうなると、赤字がすぐ数億円の規模で出ます。

だから、運転を止めないようにするには、そのためのふだんからの手入れ、あるいは管理の仕方、運転の仕方、オペレーション全体の運営を見直していかないといけない。それが今までは、はっきり言って不十分でした。それを改革、改善していき、その成果が数字として出てきたということです。

買収したとき（15年度）は1億2900万円の経常利益、16年度は1億4800万円の黒字でしたが、17年度は4億8100万円となり、18年度は7億5000万円という状況にまで業績は改善してきています。

――川崎化成の業績は買収する前年は、収益マイナスの状態でしたね。マイナスの会社を買おうと思った理由は何ですか？

**豊田**　中身です。中身がいいと判断しました。化学業界は、自ら構造改革に乗り出し、整理整頓されつつあります。川崎化成は、それまで親会社のコストセンター的なポジションに置かれていたんです。

――それがM&Aによって、生き返ることができたと。

**豊田**　はい、合理化を徹底的にやらせて、従来できなかった整備とプラント運転にもっと身を入れさせたということ、そしてほとんどの製品についての販売価格是正です。

こうした点を改革していけば、潜在能力を引き出せると考え、うちからトップを送り込んで、改革を実行したということです。徹底的に利益追求の精神を植え込んでいったのが功を奏しました。

――ヒトは減らしたのですか。

**豊田**　減らしません。合理化という人減らし、そういうことは絶対にしません。わたしどもは、常に合理化ということは頭の中にないです。合理化をやるということは、経営として失敗です。人材ですから、生かしながら、育つほうにもっていくのがわれわれのM&Aです。1社たりとも合理化していません。人員整理という意味での合理化はやりません。

――買収相手の潜在成長力を引き出す。これはM&Aの醍醐味ですね。

**豊田**　その通りです。利益のあがる事業なんです。それまで親会社の関係でしわ寄せを受けていた要素もありましたが、それがなくなったということです。

――経営の仕組みを変えることで、成長できる道を切り拓いたと。

**豊田**　そうです。川崎化成は21年ぶりにベースアップするんです。社内のモラール（士気）も上がります。

――M&Aの手法で、経営改善ができるということですね。

**豊田**　改善できます。改善していくから、経営がよくなるんです。だから、わたしたちも投資する。投資したら、よくなるかどうかというのも1つのM&Aの基準になるんだと、川崎化成の例を見ても、そう思います。

## グループ会社の集約を約3年間で実行していく

——19年度から始まる中期経営計画は売上高1兆円達成を掲げていますが、改めて計画のポイントを聞かせてくれませんか。

**豊田**　川崎化成の例のように、経営のあり方を見直し、改革、改善の実をあげていく。もう一度見直すということが大事です。グループの約260社の会社をもう一度見直して6割程度にしようというのが今回の中期計画のねらいです。この会社集約を3年ほどかけて実行していこうと。第1次案を今期（20年3月期）中につくりなさいと言っています。

第1次案で60点でいいからやっていこうと。それから3年かけて、完全に実現、中期経営計画の終了年度（21年度）にはきちんとした形に仕上げる。それは課題です。売上高は最終年度までに1兆円に持っていくということです。

――その意味で今回の中期経営計画はこれからのエア・ウォーターの成長、発展のための礎石づくりになるということで大事ですね。経営のタテ糸が8つの事業ならば、ヨコ糸は8つの地域事業会社ですが、この地域事業会社を独立事業会社にしていく考えです。その狙いは？

**豊田**　地域事業会社のそもそもの誕生は、わたしどもは産業ガスと医療ガスを主事業としてやってきましたから、極論すれば、それは地域の事業であると。医療ガスは病院に納めたりします。だから、地域事業であるから地域単位でやっていいじゃないか。その地域の業務を全体的に見て、まとめていく存在にしようじゃないかというのがコトの発端です。

かつて、産業事業部という部署があった。産業事業部を産業カンパニーにしたのですが、各地域に支社をつくり、支社長兼地域事業会社の社長にしていたということは、形は株式会社ですが、トップが支社長ですから、これは本社の歯車です。本社の歯車をはずしてやらないと自主自立になりません。

本社は、産業事業部と医療事業部でその仕事をやっているだけですから、それは支社兼地域事業会社もどうしても金太郎飴になります。支社兼地域事業会社がいくら利益を上げても、全部本社の産業事業部や医療事業部の収益ということになってしまう。売上も産業と医療事業部でまとめてしまうという恰好になっていたんです。

――それではいけないと。

**豊田**　そうです。せっかく各地域に事業会社があるのだから、その地域の拠点を生かして地域に根づいた事業をやるのが、本当の地域事業会社ではないかというところで、今度は支社を全部やめて、地域事業会社として独立してくださいと。

――支社という制度をやめるんですね。

**豊田**　支社制度をやめる。全部、独立事業会社にする。独立独歩で地域に根ざしたものであれば、20億円程度のＭ＆Ａは自分たちで考えてやりなさいと。金額も明示して言っています。

それは何であれ、地域に根づいて間違いない事業ならやりなさい。自分たちの力を伸ばせるなら伸ばしなさいと。それは地域事業会社の社長の権限です。

今年（19年）４月１日からそういう体制にしています。

## ホールディングの役割は戦略づくり

——産業カンパニーはどういう位置付けになりますか?

**豊田**　産業カンパニーは戦略部になるべきだという考え方でやろうと思っています。ということは、3年後にホールディングカンパニー（持ち株会社）にしますよと。ホールディングカンパニー制度にすると、今のカンパニーは全部独立事業会社になります。

3年後は独立事業会社になる。その3年の間にいつでもできる体制にしなさいと。ということは全てカンパニー長が判断をしていく。カンパニー長は自分に属する事業を3つ、5つやっていますが、どの事業を背骨にして、どういうものを手足にするかという経営戦略をつくることが大事です。

——地域事業会社はどういう風に変革していくんですか。

**豊田**　まず、地域ごとにエリアを与えるのはいいとして、そこで活動することだけになっていやしないか?ということ。その反省に立って考えていきましょうと。例えば、北海道で言えば、産業ガスと医療ガスをやるといっても、札幌中心の道央か、あるいは室蘭周辺しか主な工業地域はないじゃないかと。産業ガスと医療ガスをやっていたら、手がける事業もその範囲にとどまります。
北海道には他に農業、酪農、観光もあります。そうした可能性のある事業を地域ごとに再編し直す。そして北海道エア・ウォーターという会社は北海道という地域に根付いた組織としてやっていく。地域の酪農家や農家と一緒になって、その地域らしさを醸し出す事業をつくりなさいということです。

――例えば農業・食品カンパニーが手がける事業と、地域事業会社の北海道エア・ウォーターがやる農業・食品関連との関係はどうなりますか。

**豊田**　それは調整というか、選り分けができます。農業・食品カンパニーでやるべき事業であれば、それはそこでやったらいい。できないものもあります。それは地域でやったらいい。それは自ずからボリュームとマーケットによって違いがありますから、それぞれの立場での事業をやってくれればいいわけです。無理に一緒にする必要はない。
例えば、産業ガスなどは完全に地域事業会社に頼っています。動いているのは地域ですから、産業事業部は戦略部門ですから。それは組織を小さくして、そのままホー

川崎化成工業川崎工場全景。2015年6月、エア・ウォーターの連結子会社となる。1948年の設立以来、建材、電子材料、食品、医農薬などの中間原料を主に製造。可塑剤、顔料等に使われる無水フタル酸などの有機酸製品、医薬品、農薬等の材料となるキノン系製品などの機能化学品を取り扱っている。

ルディングカンパニーに持っていく。地域事業会社はそのまま頑張ってもらいます。

## 売上高1兆円を達成し、〝第2の創業期〟へ

第2の創業――。2021年度で売上高1兆円を達成した暁には、ホールディングカンパニー体制にして、新たな道を踏み出す構想。豊田昌洋は今年6月会長・CEO（最高経営責任者）を退き、名誉会長・取締役会議長に就任、「議長として適正な議事運営を手がけ、議論を十分尽くして物事を判断していきたい」と語る。人口減少、少子高齢化で国内マーケットはどう変わっていくのか、海外市場をどう開拓していくか、はたまたグループ企業の社員の生き方・働き方はどうなっていくのかと、〝第2の創業期〟のテーマも文字通り山積。1957年（昭和32年）に入社、以来62年が経つ。74年に41歳で取締役に就任、以来45年間が経つが、「何であれ、与えられた運命を受け入れて、そこで頑張るしかない」という豊田の人生観、経営観である。

## 取締役会議長として、この3年間を

「3年後に、売上高1兆円になったときに、新しい考え方でやる。第2の創業です」

エア・ウォーターは、現在の中期経営計画（19年度〜21年度）で売上高1兆円を達成した時点で、〝第2の創業期〟を迎えると豊田昌洋は語る。

豊田の経営者としての足跡でいえば、74年に41歳で取締役に就任。現在まで45年間取締役を務めてきた。この間、99年社長、01年副会長、15年会長・CEOという足取り。

そして、今年6月26日の株主総会後、豊田は名誉会長に就任、取締役会議長に就いた。

会長を退き、名誉会長就任を決断した理由は何か？

「わたしはこの時点で、現在経営の中枢を担う人たちにこの企業のカジ取りをお渡しすべきだと思っています。今後進む道は若い人が、これからの社会のあり方、日本国内、海外におけるマーケットのあり方を考えていく。いよいよ大きな海外市場へ出ていかないといけない時代です」

豊田はこう切り出し、次のような決意を述べる。

「この3年間で経営の大事なことを橋渡し、名誉会長と取締役会議長になることを決めました」

取締役会議長の役割についてはどう考えるのか。

「取締役会は、会社の全てを決める重要な会ですから、議長として適正な議事運営をやりたい。上がってくる案件についても、最終的に多数決で決まるんですが、わたしが責任を持って判断していく必要があると思っています。間違ったことを決断したら、大変なことになりますから、そこは議論を十分尽くしたいと思っています」

会社の方向を間違えたら、大変なことになるという緊張感。特に「海外市場でやるとなったら、大変な決断が要ります」と今後のエア・ウォーターの経営では、海外マーケットの比重が重くなってくるということである。

「海外マーケットがかなり入ってくるし、M&Aにしても、半端な金額ではありません。これからの3年の間に海外基盤をつくりたい。特にアメリカ、インド、ベトナムですね。まず産業ガスで第一歩を踏み出し、そして各カンパニーの事業を根付かせたい。第二段階としては農業・食品になると思います」

先進国市場のアメリカ、今後の経済成長が期待できる新興国代表としてのインド、そしてアジアでの拠点足り得るベトナムに布石を打つということである。

この3つの国に代表される海外マーケットでしっかりした経営基盤をつくる。その基盤をつくる上で一番やりやすいのは、やはり長年の蓄積で技術やノウハウを持っている産業ガス。

「我々の産業ガスの技術は、メジャーに負けませんから。それを基盤にして海外マーケットへ進出したいと思っています」

〝第2の創業〟へ向け、経営のカタチをどう変革していくか。

同社には、北海道、東北、関東、甲信越、中部、近畿、中・四国、そして九州と各地区に計8つの地域事業会社がある。

そして、産業ガス、ケミカル、医療、エネルギー、農業・食品、物流、海水の7つのカンパニーとエアゾール事業などを抱える。地域事業会社を横糸、カンパニー群を縦糸に、両者が文字通り縦横に織りなす経営だ。

各地域事業会社はいずれも独立事業会社として自主・自立の経営を目指す。「地域事業会社を手始めに4月1日から、独立会社はかくあるべきだということを示していく」

年間売上高1兆円になった時点で、経営のカタチを変えて、『第2の創業』に臨もうという道筋。

「第2の創業では、人間は入れ替わらないと駄目ですから、わたしが引退しなければいけません。間違いなしに辞めさせてもらい、経営に関与するような形では残りません」という豊田の決意だ。

次の3年間をどう位置付けるかをインタビューすると――。

## Interview
## ナンバー2をつくることの意義

――2019年4月からの3年間は非常に大事な時期だと言っておられますね。

**豊田**　経営の仕組みの基本づくりという意味で非常に大切な時です。後継者に育ってもらうために、しっかり鍛えることが大事になります。

―― 各カンパニーや地域事業会社の長に対して、ナンバー2をつくれと言ってきましたね。

**豊田** グループの各会社が自立して、経営の足腰を強くしていかないといけない。成長を持続させるためにも、ナンバー2をつくっておく。そうでないと、真に自立した経営はできません。

―― 改めて、ナンバー2哲学の骨子を聞かせてくれませんか。豊田会長はかつて、故・青木弘さんが社長時代のナンバー2として補佐する立場にありましたね。文字通り、機略縦横のタイプの青木さんとの関係づくり、間の取り方も一筋縄ではいかなかったと思いますが。

**豊田** 確かに難しいですね。ナンバー2は、トップの言うことには反対しない、という生き方に徹することだと。わたしが1999年（平成11年）春、大同ほくさんの社長になった時、経済紙のインタビューを受けました。その時に、『豊田さんはイエスマンだと言われています。それについて、どう思われますか?』という質問を受けたことがあります。

――不躾な質問だとは思いませんでしたか。

**豊田**　不躾というか、その辺は記者も言いたい放題、お互いに言い合う仲になっていましたからね。わたしはイエスマンと言われようが、能吏でありたい、それだけを思ってやってきたと。

――能吏でありたいと。課題解決を実行するのは自分であり、その案もつくるんだと。

**豊田**　トップは考え方を指示する。その後、形をつくり、実行していくのはナンバー2の役割です。トップから、考えを聞いた時、瞬時にどういうメンバーでチームをつくり、どこから手を付けようかと考えます。

――実行計画だけではなく、成果を上げなければいけない。

**豊田**　まさしくそうで、成果を上げるためには、案づくりと実行が大変です。

――作家の堺屋太一さんも戦国武将の統治を語る時に、豊臣秀吉の弟・秀長などを引き合いに、ナンバー2の存在がいかに大事かを強調していますね。

**豊田**　ええ。ナンバー2は大事です。親方は考えるだけで精一杯ですよ。終わったら、次のことを考えていますから、あとの始末はやれということです。

その時に、「いい考えですね、やりましょう」と言っておかないと、トップは安心しません。トップは一度指示を出したら、それで終わり。あとは成果を見たらいいんです。なぜなら、次のことを考えないといけない。それがトップの役割です。ナンバー2は実行して、形ができたらトップに報告する。その後は、それぞれの立場で仕事の責任者を決めて、仕事に取り組んでもらいます。

そうすると、トップがまたいろいろ言ってきます。そこでまた「やりましょう。お任せください」と言って実行する。トップは次のことを考えていますから、仕事は次から次に来ます。

——時にはトップとナンバー2との間で葛藤もあると思うんですね。そういう場面は？

**豊田** しょっちゅうです。

——ある意味、2人の激論もあるわけですね。外から見ると「わかりました」とやっているように見えて、対話を粘り強くやるとか、工夫も必要だったと思いますが。

**豊田** 対話です。そこは通い合うものがないと駄目です。

立石太郎という取締役がおりました。わたしの京都大学の先輩です。わたしが入社した時に課長でしたか。わたし達2人の話を聞いていたら、片方はどんどんと喋り、もう一方は簡単に「うん」と言って、話が通じているのかと。「アオちゃんとトヨちゃんの話を聞いていたら、何の話をしているのか、さっぱりわからないけど大丈夫か?」と。

――普通の人ではなかなか真似のできない禅問答のような対話だと。

**豊田**　できませんね。ある意味でお互いの人格を認めて。上から言うと、わたしの人格を認めてくれたんでしょう。わたしなんか、人格を認めるような立場ではないですし、尊敬していましたから。この人にはかなわないと思っていました。

――営業では特にかなわないと。

**豊田**　いえ、営業であれ、何であれ、あの方の営業は独特で、我々のような実務の営業をやっておらず、トップ営業しかしていない。逆に言えば、細かいことは本当に何もできない。

――大きな物事の要所だけを押さえておく。

**豊田**　そうです。そうやって、「あとは頼むよ」と、これです。神戸製鋼所さんから大型の産業ガスプラントのエンジニアリング事業を譲り受ける時の話がまさにそうでした。

エア・ウォーターになってからの話ですが、大型のガスプラントの分野は市場が成熟化し、合従連衡が進み始めていました。青木はどこからか聞きつけて、日立製作所がその事業を日本酸素（現大陽日酸）に移したという話を神戸製鋼所の水越さん（浩士氏、当時社長）にしたと言うんです。

水越さんは当初、そんな馬鹿なと言っておられたんですが、翌日の新聞にその話が出たんです。神戸製鋼所さんから連絡があり、青木に「あなたの言った通りだな、うちもプラント事業を渡すわ」という話になっていった。

その後、青木からわたしに「行って話をつけてくれんか」という一言。それで、わたしが神戸製鋼所さんを訪ね、森脇亜人《つぐと》さん（当時副社長）と話をし、丸ごとその事業を譲り受けることにしたんです。青木は大所の話はしますが、細かい営業は全くしない。そんな暇はなかったんです。


――ナンバー2をつくるということは、事業の成長発展のためにも、経営の持続を図る上でも大事なことなんだと。

**豊田**　ナンバー2は絶対につくらないと事業の運営はできません。そういう人達に任せ、トップは次から次に新しい事業を考えていかないと。世の中はどんどん変わっていきますからね。

――ナンバー2育成についてはグループ内でどう話していますか。

**豊田**　何度も言い続けています。わたしの目にナンバー2が見えるようにしなさいと。ナンバー2と思う人間を、わたしの所に必ず連れてきなさいと言っているんです。1人で来るなと。

ここは大事なところです。わたしの目にも、なるほどナンバー2にふさわしいと思えるようになれば安心しますしね。その人が定年になって辞めた後、事業がつながっていきますから。

自分が後継者と思う人を連れてくることで、その事業のトップとわたしとの話し合いのニュアンスとか雰囲気がわかるようになります。経営とはこういうものだということが掴めるようになる。そこが大事なんです。

## コングロマリットに、さらに磨きをかける!

――エア・ウォーターはコングロマリット(複合経営)です。それもホールディング構想と結びつけた話をされています。なぜ、一大コングロマリットホールディング構想なのかを聞かせてくれませんか。

**豊田**　それは、今でもコングロマリットなんです。この形を持続し、伸ばすためには、新しい命令系統が必要。ガバナビリティ(統治能力)、コンプライアンス(法令遵守)を行き届かせ、戦略をきちんと立てるためには司令部をつくらないといけない。こういう事業群できちんと成果を挙げていくには、独立事業会社にして責任者を置かないといけないということ。そのことの重要性をわたしは今、痛切に感じていますし、そのためにはホールディングカンパニー制しかないと思っています。

実現できた暁には、これだけ多様な事業に取り組む、類まれなるコングロマリットとなるのではないかということです。

――日本でも260社を抱えるコングロマリットというのはありませんね。6割くらいを目途に集約していくとか。

**豊田**　ええ。6割くらいに収斂して、また新たなM&A（企業の合併・買収）によって増やしていくということです。

――つまりカタチを変えるということですね。

**豊田**　ええ。カタチを変えないといけません。ホールディングカンパニーが最終の形とは思いませんが、現段階ではベストの案だとわたしは思っています。

――ひと頃、産業界では『選択と集中』が言われましたが、その旗手の米GEが今、低迷していますね。GEとは逆に、エア・ウォーターは事業の複合化、つまりコングロマリットを志向して成長・発展してきました。その間、コングロマリット・ディスカウントという言葉も浴びせられましたが、それを実績で跳ね返してきていますね。

**豊田**　それはわたし達の原動力の一つです。大体、コングロマリット・ディスカウントの意味がよくわからないんです。経営が分散してディスカウントと言われるんですが、ホールディングカンパニーで戦略をつくり、事業は事業できちんと独立して世間の評価を問うわけですから。

――そこは、自分たちが実績を示してきていると。

**豊田**　実績で示すしかありません。ディスカウントは、1つの〝迷いごと〟です。

あるアナリストが言い出したことが、独り歩きしており、実態が理解されずに伝わっていると思います。

## 新たな体制づくり、そして人づくりの3原則を大事に

——エア・ウォーターはいわば環境変化を乗り切ってきた歴史だと思うのですが、2000年に定めた経営理念、『創業者精神を持って空気、水、そして地球にかかわる事業の創造と発展に、英知を結集する』と、国連が提唱しているSDGs（持続可能な開発目標）との関係を改めて聞かせてくれませんか。

**豊田**　SDGsは、今の社会では必要不可欠な考え方です。実現には、それにふさわしい体制からつくっていかなければいけません。

今度、コンプライアンスセンター長にSDGsの主要な業務を担当させることになりました。19年6月の定時株主総会での承認を経て、上席執行役員から取締役となったのですが、ここが会社としての意思の表れだと思っています。

——会社として、そのポジションを重く見ていると。

**豊田**　重く見ています。そしてエンジニアリング事業のトップも今まで取締役ではなかったのですが、取締役となります。

――この狙いは何ですか。

**豊田**　今後の新しい事業にはエンジニアリングが必要です。ですから、わたしは18年に、あらゆるカンパニーの長に指示したのですが、それぞれの組織の中に、まず企画管理部、それも数字の企画管理部をつくろうと。数字を集めるだけでなく、その意味するものを理解して、問題点があればそれを改善し、伸ばす所は伸ばしていく。数字から説明できる企画管理部をつくりなさいと。数字が悪いなら、どこが悪いのか、ここは問題だからこう改革、改善した方がいいと言えるくらいの企画管理部をつくりなさいと言っています。

――「語れる」人ですか。

**豊田**　語れる人、全て何でも語れる人でないといけません。

次にマーケティングが大事ですから、マーケティング部をつくります。それからもう1つ、各カンパニーにコンプライアンス部をつくりなさいと。

さらに、最も大事なことは、新しい仕事を生み出すためにエンジニアリング部をつくっていこうという体制づくりです。

独立事業会社とエア・ウォーター本体が連携をよく取れるようにするため、本体に受け皿をつくらなければいけませんから、企画管理部を大きく見直して、常に先を見たものにしようと。今、訓練しているところです。

戦略も当然のことながら、経営企画部がありますが、さらに19年4月1日付で、会長付きの、会長管掌の経営戦略室をつくりました。

——経営は人なり、と言います。最後は人づくりに集約されますね。

**豊田**　はい、カンパニー長には大構想力が必要です。君たちは能吏にとどまってはいけない、経営者になれと言っています。ナンバー2は能吏、トップは経営者。これをはっきりしなさいと。ここは大事なところです。

自主自立。これが経営者にとって大事なこと。そのためには構想力を持てる人でないといけません。そして実行力。どんな案でもいいから持ってきなさいと、わたしは言い続けています。

何度も言いますが、わたしはシンプルシンキング、クイックレスポンス、アクトファーストの3原則を大事にしています。

大型オンサイトプラント。酸素や窒素を大量に必要とする製鉄所や化学工場の敷地内にガス発生装置を設置し、パイプラインによってお客様の工場にガス供給を行う。

シンプルシンキング。これは事の本質は何かということ。単純に考えるということではありません。飾る言葉は要らない、本質は何なのかを考える。

それとクイックレスポンス。イエスかノーかはっきりさせる。それが言えなければ、待てと言えばいい。ただし期限を付けなさい、期限のない待ては待てにならないよと。

アクトファースト。要するに現場です。現場第一で行動を早くしていこうと。この3原則が大事だということです。

# 第5章

# 生き方・働き方を考える

## ――三重、滋賀両県境で育った意義

# 親から子、子から孫へ——家族愛の中で

人生には幾つかの試練、そして決断がつきまとう。「もし、あの分かれ道で、もう一つ別の選択をしていたら、それからの自分の人生は随分と違うものになっていたろう」という感慨は誰しも抱くものだ。そうした岐路での決断と選択には本人の意志だけでなく、周囲の人たちの存在も関わってくる。「あの時の、あの人の一言が自分の選択に際し、背中を押してくれた」という話をよく見聞きする。エア・ウォーター会長・豊田昌洋が大学卒業の際、産業ガスの世界に入る時の選択、そして、わが国を代表するコングロマリット（複合経営体）を構築するまでには幾つもの試練があった。そうした試練を乗り越え、変化対応へのカジ取りを実践・実行してきた豊田。その人格形成に大きな影響を与える幼少期をどう送ったのか——。

## 今も頭に残る、瀧川幸辰・京大総長の訓示

「タダ酒は呑むな」――。１９５７年（昭和32年）３月、京都大学法学部を卒業する際、当時の総長・瀧川幸辰が卒業生を前に訓示したときの一節。

瀧川の法学者としての凛とした生き方を豊田は社会人になってからも、ひと時も忘れずにやってきた。

先述のように、瀧川は自由主義思想で知られ、戦前、政治的圧力を受け、京大を追放されたことがある。

コトの是非はともかく、時流におもねらず、自らの所信に忠実に生きようという瀧川教授の姿勢。のちに瀧川は京大の教壇に復帰。豊田は京大在学中、瀧川の講義を受けてきたが、その凛とした講義風景は今でも忘れられない。

ある日の講義で、２、３人の学生が遅れて教室に入ってきた。すると、「バカ者！後ろに立っていなさい」と瀧川は一喝。遅れてきた学生たちは講義の間中、ずっと立たされたまま話を聞く破目になった。

人生はその一瞬一瞬が真剣勝負ということを、瀧川は学生たちに自らの講義を通し

て教え込んでいた。

「瀧川先生はどちらかというと保守派の先生ですが、ただ酒は呑むなという言葉は強烈に覚えていますね。当時、京大には法学部以外にも仏文学者で評論家の桑原武夫先生などもおられ、多士済々で大学全体に活気がみなぎっていました」

法学部の豊田の同期生には、国際関係論で有名な高坂正堯《まさたか》もいた。「彼は仏法（フランス法）で、わたしは独法（ドイツ法）でクラスは違いましたが、当時から抜きん出た存在でしたね」と豊田は述懐。

人と人との出会い、そして先達の言葉に啓発を受けて、自らの人生を切りひらいていく。

これも既述したように、豊田が大学を卒業して、旧大同酸素に入ったのが1957年（昭和32年）4月。以来62年が経つ。会社は時代の変化、顧客ニーズの変化に対応して、今日のエア・ウォーターが構築されてきたわけだが、この間、企業の将来、そして個人の人生の行方を左右するような決断や選択が幾つもあった。

豊田の人生航路を振り返ってみると、そのことが強く印象付けられる。

豊田は在学中、司法試験を受験。法曹を目指していたのだが、1次試験はパスしたものの、２次試験で不合格。１年後に再挑戦しようかとも考えたが、豊田は８人きょうだい（男５人、女３人）の次男。父親は小学校、中学校の校長を務める教育者であったが、当時、教育費のかかる弟や妹もいて家計も楽ではなかった。

　縁あって、当時の大同酸素を受けることになるのだが、そのときのエピソードが興味深い。

## 司法試験で挫折、大同酸素の就職試験に臨む

　これは、後で分かったことだが、豊田が大同酸素の入社試験に合格し、内定をもらう寸前、当時の藤井社長が「今度入る豊田は京大出身らしいが、大丈夫か？」と総務課長に〝調査〟を命じたのだという。

　その総務課長も京大出身者であったが、京大卒の肩書きを持つ人に当時、そういう〝警戒〟の目をもって見られていたということ。

　個々人の思いとは別に、その時々の社会風潮、人々のモノの見方や測り方に一定のバイアスがかかるのはよくあること。

そうした中で、本人が一つの決断をし、人生の進路を選択していく。要は、入社した後、本人が自分をさらけ出して、生の姿を見てもらって評価してもらうこと。そして、本人の努力次第で周囲の評価は変わり得るということである。

大仰にいえば、自らの生きざまを見てもらうということ。もっと言えば、周りが見ていようが、見ていまいが自ら選んだ道を究め続ける。その姿を周囲が見るということである。

先述のように、豊田の旧大同酸素入社は父との連携プレーで決まる。今一度、司法試験にチャレンジするかどうかと京都市内の下宿先で思い悩んでいると、部屋の横の階段を上ってきた父・實がひょっこり顔を出し、昌洋いるか?と声をかけてきた。

滋賀、三重の両県で教師をし、小・中学校の校長を務めた後、郷里の三重・亀山で市議会議員、議長を務めた父・實も豊田の進路の選択が気になって、亀山から下宿先を訪ねて来たのである。

「今、京大の学生課の掲示板を見てきたら、大同酸素が募集していたよ。早く応募の手続きをしてきたらどうだ」という父の勧めである。

学生課を訪ねるため、京大構内に入ると向こうから友人が歩いてきた。「大同酸素を受けようと思ったが、もうすでに大学から９人の推薦を出したので、これ以上は無理だと、断られてしまった。」

こういう主旨の友人の話である。そこで、豊田はどう行動したか。

すぐ学生課に直行。大同酸素に応募したい旨を告げると、友人が言ったとおり、担当の職員は、「もう９人の推薦で終了した」とにべもない返事。

ここで引き下がらないのが豊田の真骨頂。

「京大から９人の推薦ということですが、もう１人付け加えて10人にしたらどうですか。９人も10人も一緒。10人にしたほうが切りがいい」と豊田は相手を説得しにかかったのである。

しばらくやり取りをしていて、とうとう学生課の担当者が根負けし、「よし、君を推薦しよう」と折れてくれた。残るは、入社試験に臨むだけとなった。

程なく、入社試験が行われ、豊田は会場の大阪市西成区の区役所ビルに向かった。何と数名の採用枠に数百人の応募者が押しかけていたのである。１９５６年（昭和31年）秋、それほど就職は狭き門になっていたことを、この光景は物語っていた。

昭和31年といえば、終戦から11年が経っていた。日本は戦後の焼け跡から復興の道を歩き始め、朝鮮戦争（1950年・昭和25年から3年間続いた）による特需で沸き、〝三白景気〟（砂糖、セメント、紙）で経済を立て直していった時期。

昭和31年度の当時の経済白書は『もはや戦後ではない』と謳い、国民も敗戦の痛手から立ち直ろうとし、自信を取り戻しつつあった時期。

しかし、昭和31年秋の大学新卒の就職状況は、豊田が辛酸をなめたように厳しかったのである。

各企業の就職試験会場には、多数の学生が押しかけ、まさに企業側の買い手市場というのが実態であった。

その難関を通り抜け、豊田は大同酸素に入社。同社としては大学新卒の正式な採用の第1号であった。この時は、事務系が8名、技術系が12名、京大をはじめ関西の名だたる大学から採用された。

逆に大同酸素側からすると、せっかく選んだ大学新卒ということで、同社総務課長は豊田の身上を徹底調査しにかかったということである。こういう時代の空気だった。

働く場所を得る——。今の日本の転職社会と違って、当時の産業社会は終身雇用、年功序列という雇用慣行の中で、人の採用を行い、社員を教育して鍛えあげ、文字通り社内一体となって、会社をよくして行こうとしていた。

それだけに、会社も人を採ることに懸命であった。会社も必死、受けるほうも必死という時代であった。

## 滋賀、三重の両県境で育ち、精神形成上大きな影響を受けて

父・實の存在は、豊田の人格形成の上で非常に大きいものであった。

何が本質か、という問いかけが何事においても大事という生き方、働き方は父親譲りのものと言っていい。

改めて、父・實の教育はどうであったか。また、ものの考え方をどう豊田は受け継いできたのか。「親父の考えは、学校の先生ですからね。嘘をつくな、恥ずかしいことをするな、その2点だけです。愚直に生きる。わたしから見ると、親父は愚直だったと思います。それでも若くして、38歳で小学校の校長になったりしている。当時としては、異例の抜擢だったと言いますからね」

父・實は三重県の中西部・亀山市の出身だが、隣県の滋賀師範学校（現滋賀大学教

育学部）を1924年（大正13年）に卒業。師範学校卒業後は滋賀県内の小学校、中学校で教鞭をとった。

父・實は、滋賀県甲賀郡水口の小学校から教員生活をスタートさせ、豊田も幼少期は滋賀県内で過ごすことになる。

豊田が三重県で生活をするのは高校生になってからだ。父・實が同県に戻って教員生活を送るようになってからである。

滋賀と三重の両県。隣り合い、何かと交流があるわけだが、気質や風土はまたそれぞれに特長、特性があり、色合いも違ってくる。

このことが、豊田の人格形成、精神形成にも影響を与えていく。

滋賀は、京の都に近く、都の政治・経済の動きが生に伝わったり、京の動きと連動したりする。あの叙情的な『琵琶湖周航の歌』にも、『滋賀の都よ　いざさらば』と歌われたりする。比叡山延暦寺も京都と滋賀の境に位置する。

一方、三重は今も愛知（名古屋）、岐阜と中部三県と称され、どちらかというと県全体は名古屋経済圏に組み込まれる。

ただ、三重県は北や北西部では滋賀県、京都府と接し、西部は奈良県、南西部は和歌山県と隣り合う。北および北東部は愛知県、岐阜県と接するというように、6つの府県と接する。

それだけに交通の要所であり、歴史上、政治権力を巡る争いや出来事の中で、武将や有力者が登場する。

例えば、多羅尾という土地。山深い場所だが、ここは鎌倉時代、近江国（今の滋賀県）甲賀郡信楽荘多羅尾に発祥したのが多羅尾氏であったという。

1582年（天正10年）、京で明智光秀が『本能寺の変』を起こしたとき、堺（今の大阪府）にいた徳川家康は身の危険を感じ、急ぎ、本拠の三河（今の愛知県東部）に帰ろうとする。

しかし途中、伊賀（今の三重県北部、滋賀県甲賀と隣り合う）を越えなければならないという難題を抱えた。

そこで、家康の側近が甲賀一帯に勢力を張っていた多羅尾氏に助けを求めた。多羅尾氏はこれを受け入れて、家康一行は無事に伊賀越えを果たし、より安全な伊勢路に辿り着いたという歴史が残っている。

もし、多羅尾を越えられなかったならば、徳川幕府の誕生もなかったかもしれず。

人生には試練がつきまとい、そのときの一つひとつの決断が、その後の人生を左右するということである。

後に家康は、江戸幕府を開き、徳川時代は約270年間続く。そして因縁の多羅尾の地に、有名な多羅尾関所を開く。伊賀山中の小さな村で、今は甲賀市信楽町多羅尾という地名になっているが、それだけ交通の要衝であったということである。

その多羅尾と豊田家は縁が深い。父・實は滋賀師範学校を卒業し、甲賀郡で教員生活を始めた。

父・實は明治生まれの勤勉実直の人で、最初の赴任地である水口町（現甲賀市水口町）の水口小学校でも子供たちにはもちろん、町長や地域住民とも親交を深め、信任を得ていった。

甲賀郡は、郷里の三重・亀山からも近いということも、實にとって、安心して働ける場所であった。

水口もまた歴史のある町。江戸期は加藤嘉明公3万石の城下町で知られる。以前は、豊臣方の武将、長束正家の居城でもあった。

水口小学校から佐山小学校を経て、次に多羅尾小学校へ転勤となる。ここで校長を拝命。38歳での校長就任である。郡内で最も若い校長ということになる。さらに宮村小学校へと転勤が続く。

父・實は、水口小学校時代に結婚し、5男3女をもうける。豊田昌洋は当時の水口町で誕生。以後、父・實の転勤に従って、幼少期は滋賀県内の各地を転々とする。結果として、豊田は、小学校を3つ、中学校を2つ経験することになる。

父・實は大変な子煩悩で家族思いの人。そして、教育一筋に生き、自分が受け持つ子供の力と個性を伸ばすにはどうしたらいいかを日夜考える人であった。

實は1994年（平成6年）に91歳の生涯を閉じるが、教員時代、そして郷里・亀山での市議会議員や議長として地域振興に奔走した人生をまとめた著作がある。『或る一つの家族愛』というタイトルだが、副題に「――明治生まれ豊田實の人生――」とある。

この中に、「私はもともと物事を哲学的に考えたい質で、とことん考え抜きたい思索型と思っている。だから、多少新教育とやらを試みたけれど、自信のないことをやろうという勇気は出てこない。これが他の先生からみれば、『豊田君はしっかりした意見は出すが、実際は保守的』といった感じに映る。しかし議論は結構、思索の参考にはなる」という記述もある。

昭和の初め、満洲事変、日中戦争と軍靴の音が強まっていったときである。教育の現場で、子供の個性とは何か、自由主義の考えと教育との関係はどうあるべきかを思索しながら、地域社会の現実との調和をもどう図るかと思い悩み続けている若き日の教員の姿がそこには記述されている。

物事の本質を突き詰めていく。實は教師仲間と、時に京都大学へ出向き、『善の研究』で有名な西田幾多郎の歴史哲学、さらには田辺元の現象学理論の公開講座を受講していった。

夏休みに1週間か10日間、京都市内に宿を取って、受講しに出かけたというから、真摯に自分の人生に向き合おうという姿勢がうかがえる。

こうした父・實の背中を見て育ったのが豊田昌洋。教育熱心な父親の下で、豊田家の子供たちは自然の中で育ち、同時に勉学にも勤しむようにしつけられた。

長男・眘《あつし》は三重大学教育学部に進学し、父の跡を継いで教員となった。次男の昌洋は三重県立亀山高校から京都大学法学部へ進学し、大同酸素に入社。

三男・富彦も京大経済学部に進学、メーカーに入社。四男・裕之は関西学院大学を経て小売業に入社。五男・喜久夫は名城大学商学部を卒業後、理研ビニル工業（現リケンテクノス）を経て、73年（昭和48年）大同酸素に入社。現在エア・ウォーター代表取締役会長・CEOを務める（6月26日就任）。

父・實は46歳で滋賀・玉園中学校長を退職した後、49年（昭和24年）、郷里の三重・亀山に転居。

昭和20年代後半から30年代にかけて亀山中学校教頭や野登小学校校長を務めるが、両県で教師、あるいは校長を務める例は少ない。父・實の人柄や教育に対する姿勢、また地域社会と共に生きる姿勢がそうした経歴の積み重ねにつながっているように思う。

『或る一つの家族愛』は、家族のあり方、親と子の関係、兄弟や姉妹のつながりを考えるうえで、いろいろと考えさせられる視点を与えてくれる。同書の最後に、子供8人の父の思い出が記されている。

次男である昌洋の記述を読むと、タイトルは『父の呼びかけ』となっている。

「『おーい、行くぞ！』。春から秋は夕方5時半頃、夏ならば6時頃、父が外から声をかける。『はーい』と応えて、鍬を担いで手に鎌を持ってシャツとズボン、手拭いを腰にぶら下げて同じ姿の父の後ろについていく。平日のうち最低3日、多羅尾村の時は自宅から裏の狭い道を通って、20分ほどの荒れ地の畑へ……」

父・實と昌洋の親子で馬鈴薯、里芋、エンドウ、大豆、ニンジン、牛蒡、白菜、茄子、胡瓜などを作りにいく。日曜日の作業では、朝から畑作業に入る。

昼になると、母・つぎが「弁当を持ってきたよ」とエンドウ豆ご飯、栗ご飯を畑まで届けてくれる。それを親子で食べるという風景は戦後間もなくまで日本各地にあった。

豊田昌洋の経営者人生を見ると、時代の変化に対応していかなければという経営哲学。企業が持続性を持つためには、経営のカタチを変えていかないといけないと豊田は説き続ける。

そうした経営観、人生観は、幼少期に自然の中で暮らしてきたことと無関係ではないだろう。

自然の前に、人は謙虚でなければいけない。自然の中で生かされているという思い。だからこそ、人は懸命に生き、持続性を持つように努力し続けなければいけないという考えにつながる。

人格の基礎を形成する幼少期、青年期を滋賀、三重と風土の違う所で過ごしたことについて、豊田自身、「大変よかったと思っています。風土や地域の文化が違うところに出会って、いろいろ考えさせられていますからね」と語る。『変化』ということに、感性の柔らかい幼少期から考えさせられ、それに対応してきたという積み重ねである。

そして、また豊田昌洋の人生観、事業観に父・實の生き方が反映されている。親から子、子から孫へと、そして自然の春夏秋冬の移ろいの中で暮らしを立てていった人々の知恵もまた生かされているように思う。

豊田家の人々

右から、豊田昌洋・エア・ウォーター名誉会長、父・實さん

2009年10月8日、妻・京子さんと2人で金婚式を祝う

## おわりに

エア・ウォーターの経営には、「人」の要素がいっぱい詰まっている。

祖業・産業ガスの会社が8つの事業、8つの地域事業会社を抱え、日本を代表するコングロマリットになるまでに、同社は2度、大きな合併を体験。大同酸素とほくさんの合併、そして共同酸素と合併してのエア・ウォーター誕生（2000年）である。

「現状の枠組みのままでは……」という危機感から、経営のカタチを変革してきたという歴史。

この2つの合併は、同社中興の祖とされる青木弘氏（1928年＝昭和3年生まれ、故人）と前会長・CEOの豊田昌洋氏のコンビで推進。豊田氏は当時ナンバー2として青木氏を補佐。

今でも語り継がれるのは、タテホ化学工業の再建劇。80年代後半のバブル期、債券先物取引で失敗し、破綻の危機に瀕した同社の再建引き受けを決めた青木氏の決断力。そして、その再建の任に当たり、見事再生させた豊田氏の経営改革力である。

「企業経営にはナンバー2が必要」と豊田氏が語るのは、こうした体験を積み重ねてのものだし、その言葉には実感がこもり、説得力がある。

人と人との出会いがあり、互いの切磋琢磨が事業を育て上げていく。1932年＝昭和7年生まれの豊田氏は京都大学を卒業して57年に旧大同酸素に入社。74年（昭和49年）に取締役に就任。常務、専務を経て93年副社長、99年社長、2001年に副会長、15年会長・CEOという足取り。取締役になって45年間、半世紀近い経営者人生である。

伸びている人はどういう人か?という質問に、豊田氏の答えは、「頭の柔らかい人。頭が柔らかくて、すぐ動ける人。大局観があり、本質をすぐ掴む人」というもの。「シンプルシンキング、クイックレスポンス、アクトファースト」は豊田氏が人材育成を図る上でのキーワード。簡潔で本質をつく思考、素早い反応と行動第一の現場主義が大事ということ。

2019年5月1日、『平成』から『令和』へ、時代が変わった。豊田氏は19年6月26日、会長・CEOを退任、代表取締役名誉会長・取締役会議長に就任。

「地球の恵みを、社会の望みに。」人づくりはこれからも続く。

本書の取材に際して、豊田昌洋氏にはインタビューの機会を幾度となく頂戴し、心ゆくまで取材させていただいた。衷心から感謝申し上げたい。また、執筆に際し、資料収集やその他でエア・ウォーター顧問の岸貞行さん、そして執行役員 社長室 広報・IR部長の井上喜久栄さん、課長の野田優子さんには多大なるご協力を賜り、重ねて感謝申し上げたい。

2019年（令和元年）6月吉日

『財界』主幹　村田博文

エア・ウォーター名誉会長　豊田昌洋の
「人をつくり、事業をつくる！」

2019年6月30日　第1版第1刷発行

著　者　　村田博文
発行者　　村田博文
発行所　　株式会社財界研究所
［住所］〒100-0014　東京都千代田区永田町2-14-3
東急不動産赤坂ビル11階
［電話］03-3581-6771
［ファックス］03-3581-6777
［URL］http://www.zaikai.jp/

印刷・製本　　図書印刷株式会社


ISBN978-4-87932-134-3